大きな図で見るやさしい

実用ロープ・ワーク
（改訂版）

元国立館山海上技術学校

校長 **山﨑敏男** 著画

成山堂書店

★ ヒッチ（結着）の方法 ～いろんな場面で役に立つ

① ハーフ・ヒッチ（ひと結び）
② ラウンドターン・アンド・ツーハーフ・ヒッチ
③ クラブ・ヒッチ（巻き結び）
④ ティンバー・ヒッチ（ねじり結び：下回し）
⑤ カウ・ヒッチ（ひばり結び）
⑥ コンストリクター・ノット（固め結び）
⑦ ローリング・ヒッチ（枝結び）
⑧ ドゥロー・ヒッチ（引き解き結び）
⑨ 垣根結び（第二法）
⑩ マーリン・ヒッチ（くくり結び）

★ ロープのつなぎ方（ベンド：縛着）＊下写真右側は太いロープの場合に適する

① シングル・シート・ベンド（一重つなぎ）
② ダブル・シート・ベンド（二重つなぎ）
③ リーフ・ノット（本結び）
④ ダブル・キャリック・ベンド
⑤ フィギュア・オブ・エイト・ベンド
　（二重8の字つなぎ）
⑥ ダブル・フィッシャーマンズ・ノット
　（しごき結び）
⑦ ツー・ボーライン（もやいつなぎ）
⑧ ツイン・ボーラインズ
⑨ リービング・ライン・ベンド
⑩ ホーサー・ベンド
⑪ シングル・キャリック・ベンド

1

★ 輪を作る ～足場や手がかり、腰かけにもなる。

先端に輪を作る

① ボーライン・ノット（もやい結び）
② パーフェクション・ノット
③ オープンハンド・アイ・ノット
④ フィギュア・オブ・エイト・ループ・ノット（二重8の字結び）
⑤ イングリッシュマンズ・ノット
⑥ ランニング・ボーライン（わな結び）

中間者結びとわな結び

⑦ インライン・フィギュア・エイトノット
⑧ ラインマンズ・ループ・ノット（中間者結び）
⑨ クロスド・ランニング・ノット（わな結び）
⑩ ホンダ・ノット

二重に輪を作る

⑪ ボーライン・オン・ザ・バイト（腰かけ結び）
⑫ スパニッシュ・ボーライン

★ いろいろなシープ・シャンク（縮め結び）～縮めたり伸ばしたり自在に調節できる。

① 先端を細索で止めた一般的な結び
② 装飾を兼ねたもの
③ ダブル・ヒッチで安全性を高めたもの
④ 細索に代わり、木製トグルで止めたもの

★ 長いロープを短くする結び ～絡みもなく、格納にも便利！

①まとめ結び
②シングル・チェーン・ノット

★ ストランドを利用して環を作る／こぶ（ノット）を作る

①アイ・スプライス　②セールメーカーズ・アイ・スプライス　③マンロープ・アイ・スプライス
④マン・ロープ・ノット　⑤ダブル・ダイヤモンド・ノット　⑥ダブル・マッシュウォーカー・ノット
⑦ラニヤード・ノット

★ スプライスとシュラウド・ノット
～加工して２本のロープ、切れたロープを使う。

①バック・スプライス
②ショート・スプライス
③アメリカン・シュラウド・ノット

★ クロス・ロープ
（組みロープ）のスプライス

①アイ・スプライス
②ショート・スプライス

★ ロープの端止め（ホイッピング）と コブ（節）の利用

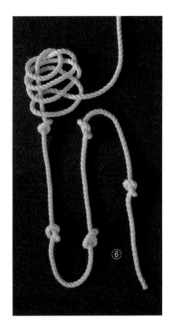

①ニードル・ホイッピング　②ウエストカントリー・ホイッピング　③フィギュア・オブ・エイト・ノット（8の字結び）
④スリーホールド・オーバーハンド・ノット　⑤ライフライン・ノット（命綱結び）
⑥チェーン・オブ・オーバーハンド・ノット（連続止め結び）

★ 細索を編んで飾り紐を作る（センニット 編み）〜今は主に装飾用

①ナイン・ストランド・フレンチ・センニット
　ストランド9本で編んだ平編みです。

②エイト・ストランド・スクエア・センニット
　ストランド8本で編んだ角編みです。

★ 係留索の係止法 〜シーマンにはこれが大事

左：バージーズ・ヒッチと 右：フィッシャーマンズ・ベンド（錨結び）

まえがき

ロープの結び方は古代から伝わるものであり、帆船時代にさらに多様な結び方や飾り結びが発達したと言われています。帆船のマストやセールにはたくさんのロープが使用され、たくさんの結び方が考案されたのです。そこには理にかなった扱い方、結び方がおのずから存在し、何世紀にもわたり使用され、受け継がれてきました。

今日、船舶だけでなくマリン・レジャーや各種業界、日常生活の多くの場面でロープが使用されていますが、そこでは限られた種類の結び方ができれば実務上では特に問題はありません。しかし、多様な結び方を知ったうえで必要な結びをすれば、ロープ・ワークの奥の深さを知ることができ、他の作業への応用や装飾品としての活用など、いろいろな使い道に触れることができます。そして、ロープへの関心や興味が高まり、技術としてロープ・ワークが長く伝えられていくのではないかと思います。

世の中が進化し、どのように機械化、自動化、電子機器化されても、古代から今日、未来にも船はロープで陸地に繋がなければ安定せず、貨物や用具の固縛、風水害対策の防災・避難設備や人命救助などでもロープを欠かすことはできません。長年、そのように感じてきたことが、本書の執筆に取り組んだ動機となっています。

ロープ・ワークのコツは、使用するロープの性格をよく把握し、かかる力と摩擦力をいかに有効に利用するかにあります。それには自らが何度も練習してロープのさばき方、手指の使い方などを会得し、さらに、それが正確で効果的なものであるかどうかは、現実的な仕事、作業をしてみないと実感できないものです。

著者は、40年以上前となる1973年9月に神戸商船大学（現神戸大学海事科学部）商船学部航海科を卒業後、同年10月に東京タンカー（株）（現 JX オーシャン（株））へ入社し二等航海士になったことが、人生という航海に乗り出した最初でした。以来、運輸省（現国土交通省）入省を経て、宮古海員学校航海科教官、（独）海技教育機構の海上技術学校、海上技術短期大学校、同機構本部に勤務し、担任業務、科目担当、校内練習船の船長、結索やカッターの実技指導など、常に海の教育現場の最前線に携わり、2020年3月に国立館山海上技術学校長を以て定年退職しました。

本書では、これまでのロープを扱う実習や練習船の運航実習を長く教えてきた経験を踏まえて、できるだけわかりやすい用語を使って解説することに努めました。まず、紙面が許す限り図面を大きく使って、実際にそれを見ながら結べるよう、わかりやすい図、簡潔な説明を心掛けました。次に、実際に結ぶうえでのポイントや間違いやすいところを図中で注釈により補い、誰でもがスムーズに取り組めるように工夫しています。

今日のロープ・ワークに関する本は、船舶用、登山用、園芸や生活、キャンプや釣りといったレジャー用など専門的なものが多く見られます。本書も自らの経験から海や船に関するロープ・ワークを中心としたまとめにはなっていますが、身についた結びがいろいろな場面で使えるよう、説明も補足しています。

本書が、海技の伝承やシーマンシップの醸成につながる一助となれば望外の喜びです。

なお、本書を執筆するにあたっては、主に『図解実用ロープ・ワーク』（成山堂書店）、『結びの図鑑』（舵社）や海技教育機構の教科書等を参考にさせていただきました。ここに深く感謝の意を表します。

2020年6月吉日

著者識す

改訂版発行にあたって

　本書を発行後、多くの読者にご利用いただくとともに内容の評価をいただきました。著者としては嬉しい限りです。初版発行後2年を経過したこの段階で、全体の見直しを行い、説明文の調整や図の追加、また、一部の図について、よりわかりやすい図に差し替えるなど、改訂を行いました。

　本書が引き続きロープワークを学ぶ諸氏にとって役立つ本となれば、望外の喜びです。

2022年9月

著　　者

目　次

第 1 章 ロープ・ワークの基礎

第 2 章　基本的なロープの結び方

第３章 ロープの接合と端末の処理

第**4**章 ロープの利用法 ─係留索・ステージロープ・ネットの 編み方から装飾的な結びまで ─

4-4　飾り結び ································ **148**

第 5 章　ワイヤー・ロープ（鋼索）

5-1　ワイヤー・ロープの種類と構造 ················· 160

5-2　ワイヤー・ロープの大きさと強度（安全使用力） ·········· 162

5-3　ワイヤー・ロープの取扱い ················· 162

5-4　ワイヤー・ロープのスプライス ················· 163

第1章 ロープ・ワークの基礎

ロープ作業をする場合、その特徴や取り扱い上の注意を知っておくことは大切です。

1-1 ロープの種類と特徴

1 材質による分類

　ロープには大きく分けて、①植物の繊維や石油・石炭等を原料にして作られた繊維を材料とする**繊維ロープ**と、②鋼線（スティール・ワイヤー）を**素線（そせん）**として編んだ**ワイヤー・ロープ**があります。

　本章から4章までは、繊維ロープによるロープ・ワークを主として取り扱います。その基本となる種類には、次のようなものがあります。

（1）植物性繊維ロープ

　強度は合成繊維に比べて劣りますが、熱や摩擦、紫外線に強く、天然繊維のため年月の経過とともに徐々に腐食して、やがて自然に還るという特徴があります。

1）麻ロープ[*1]（マニラ、サイザル）

　麻を素材としたロープは何種類（マニラ・ロープ、サイザル・ロープなど）もありますが、その中でヘンプ（大麻）の繊維を素材としたものを主にヘンプ・ロープ（麻ロープ）と言います。植物性繊維ロープの中では最も強度が大きく、紫外線や熱にも強く屋内外を問わず使用できます。今ではマニラ・ロープとともに生産量が少なくなってきていて、その代替品としてよく使用されているのがサイザル・ロープになります。今日では麻ロープと言えば、サイザル・ロープを指すことが多いようです。

① マニラ・ロープ

　マニラ麻[*2]の繊維を材料としたロープです。柔軟性があって水に浮きやすく、腐食しにくいので用途は広くあります。ただし、水に濡れると収縮し固くなるために取り扱いにくい面があります。

図1-1 マニラ・ロープ

　主な用途 船舶用、大型漁業用、綱引き用、アスレチック用

② サイザル・ロープ

　生産量の少ないマニラ麻の代用品として、中米のユカタン半島などに生育するサイザル麻[*3]の繊維で作られたロープです。マニラ・ロープと比較して色が白く装飾用にも用いられます。強度はマニラ・ロープより約20％劣りますが安価です。

図1-2　ザイザル・ロープ

　主な用途 トゥワイン（帆布を縫う糸）、農園芸用、祭礼用

＊1　麻ロープ… クワ科の大麻草の茎の皮から繊維をとり麻糸にする。熱帯から温帯にかけて栽培されている。
＊2　マニラ麻… バショウ科の植物。葉柄の繊維は強く軽く耐水性があり、ロープに最適。フィリピン島の原産。
＊3　サイザル麻…メキシコから中央アメリカ原産の多年生植物。葉からとった繊維をロープや袋などに加工する。

2）コットン・ロープ

綿（コットン）の繊維で作られたロープです。耐湿性に優れ、水に濡れても柔軟性を失いません。強度は他の合成繊維の約半分です。

`主な用途` 家庭用・一般作業用（揚旗索：フラッグライン、スカウトの携帯ロープなど）、農園芸用、民芸風装飾、祭礼用

図1-3 コットン・ロープ

3）しゅろロープ

しゅろ*4皮の繊維で作られたロープです。軽くて耐久性があり、主に園芸用に使用されています。

`主な用途` 農園芸用、造園関係、包装用、祭事用

図1-4 しゅろロープ

4）その他

麻ロープをタール油漬けしたタール・ロープ、ヤシの実の繊維を材料にしたカイヤー・ロープ、麻科のラミー*5の繊維を材料にしたラミー・ロープなどがあります。

（2）合成繊維ロープ

合成繊維ロープは、石炭や石油、石灰、天然ガス等を原料として化学的に合成して作られた繊維を材料にしたものです。強度だけでなく耐候性、耐熱性、耐水性、水に浮く・沈む、酸やアルカリなどの耐薬品性など、種類によってそれぞれ異なった特性をもっていますので、それらの特性を生かしたロープの選択や使い方が必要です。

1）ナイロン・ロープ

合成繊維ロープの中でも最も強度に優れ、引張り強度はビニロンやポリエステルの約2倍あります。摩擦やショックにも強いですが、やや水を吸う性質があり耐水性にやや劣ります。

`主な用途` 船舶（係船索など）、漁業、電設、陸上資材、レンジャーロープ、牽引ロープ、安全ネットの補修

図1-5 ナイロン・ロープ

2）ビニロン（クレモナ*6）・ロープ

強度・耐久性に優れ、使いやすく様々な用途に使用できるバランスのとれたロープです。水に濡れ、乾くとやや硬くなります。

`主な用途` 揚旗索や親綱をはじめ、船舶、レジャー、工事、物流資材など荷役・作業を中心に幅広い。

図1-6 ビニロン・ロープ

---

*4 しゅろ…南九州原産のヤシ科の常緑高木。直立した幹の毛状の皮からロープを作る。
*5 ラミー…イラクサ科の高さ2mほどの落葉多年生植物。繊維を利用するため日本、中国、インド、マレーシアなど広く栽培されている。
*6 クレモナ…クラレのビニロン原系の商標。

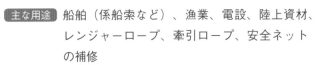

3）ポリエステル（テトロン）・ロープ

酸、アルカリ、海水などに強く、耐候性もあり、摩擦にも非常に強く強度に優れています。マリン・レジャーや漁業に欠かせないロープです。

主な用途 漁業、マリンレジャーなど荷役・作業、救命ロープ、命綱

図1-7　ポリエステル・ロープ

4）ポリエチレン（ハイゼックス*⁷）・ロープ（ＰＥ）

軽量で水に浮き、耐水性に優れています。強力でショックにも強いが、熱に弱く、硬くて滑りやすい性質があります。色の発色がよく様々な色のロープもあります。

主な用途 漁業、船舶、陸上資材用

図1-8　ポリエチレン・ロープ

5）ポリプロピレン・ロープ（ＰＰ）

安価で強度にも優れ、また合成繊維ロープの中で最も軽量でＰＥ同様に水の影響を受けません。紫外線にやや弱いので着色することで欠点を克服しています。

主な用途 船舶やヨットなどレジャー、漁業、陸上資材、インテリア、農園芸用

図1-9　ポリプロピレン・ロープ

6）その他

クレモナロープに非常に似た風合いを持つスパンエステル・ロープ、ポリエチレンロープをベースにビニロン原糸を複合させたＰＶロープ、通称**トラロープ**と言われる**標識ロープ**（ポリエチレンロープの一種）などがあります。

主な用途 親綱、船舶、漁業資材、陸上資材

図1-10　標識ロープ

＊7　ハイゼックス…三井化学のポリエチレン原糸名

2 編み方による分類

（1）三つ撚り（3つ打ち）ロープ

　単にロープと言うときは、多くの場合この**三つ撚り（3つ打ち）**[8]**ロープ**を指しています。

　繊維（ファイバー）を集めて**ヤーン（左撚り）**とし、ヤーンを数本から数十本束ねて撚った**ストランド（右撚り）**3本を左に撚って作られています。これを、左撚りまたは**Z撚り**の三つ撚りロープと言います。（図1-11）

　これに対しヤーン、ストランドの撚りを反対にして、最後にストランド3本を右に撚ったものを右撚り、または**S撚り**の三つ撚りロープと言います。特殊な場所に使われるもので見かけることは少ないロープです。

　三つ撚りロープは、滑りにくく強度もありますが、**キンク**（ねじれ）[9]が起こりやすいのが欠点です。

注）右ねじと左ねじ

　ねじ（ボルト）は、頭から見て進むときの回転方向で区別します。右ネジは、右回り（時計回り）に回すと進みますが、このとき、雄ネジの山・谷はロープの Z 撚り（左撚り）と同じ形になっています。ロープは、ストランドを編む方向で右、左を示すので、同じ形でも呼び方がねじと逆になります。

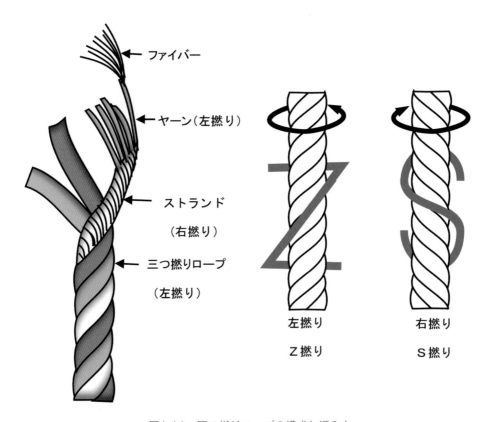

図1-11　三つ撚りロープの構成と編み方

＊8　「○○打ち」の○○はストランドの数を表わす。

＊9　キンク…ロープが「くの字」型にねじれてしまう現象。ひねりの入ったロープを強く引いたときに起こり、ロープの強度を著しく低下させる原因となる。

（２）組みロープ（クロス・ロープ）

　合成繊維で作られた右撚りストランド４本、左撚りストランド４本の合計８本のストランドで構成され、同じ撚りのものを２本１組の４組で組み合わせたロープです。**クロス・ロープ**、あるいは**エイト・ロープ**と言います。

　三つ撚りロープに比べて、柔軟で取り扱いが簡単であり、またキンクが起こりにくく形もくずれません。（図1-12）

　また、ストランド12本を２本１組の６組で組み合わせたサザン・クロス・ロープは、クロス・ロープに比べ、伸度、強度および耐摩耗性の面でさらに向上しています。

図1-12　組みロープ（クロス・ロープ）

（３）編みロープ

　ヤーンに少し撚りを入れたものを内芯にして、周囲を８本以上の同質のストランドで編んで被覆（覆いかぶせること）したロープです。一重編みと二重編みがあります。（図1-13）

　組みロープよりさらに柔軟でキンクもほとんど発生せず取り扱いやすいため、細いものはヨットやレジャー・ボートなどで広く利用されています。太いものは大型船の係留索などに使われています。

　外観も美しく装飾用にも適していますが、欠点として**スプライス**（**接着**：撚り目を解いてつなぐこと）が難しいこと、高価であることがあげられます。

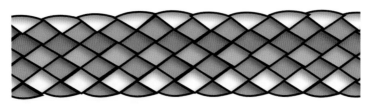

一重編み

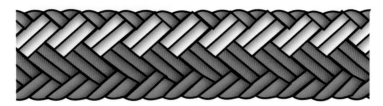

二重編み

注）同色は同じストランドではない。

図1-13　編みロープ

1）8つ打ちロープ

8本のストランドを編んだロープで、太さ3〜12mm程度のものがよく使用されています。同質同径の三つ撚りロープと比べて強度も低いです。船舶の係留や牽引ロープに適しています。

2）金剛打ち（12打ち）ロープ

12本のストランドを丸編みして構成され、撚りが少なくしなやかで手触りもいいです。内芯の無いものと、強度を持たせるため内心が有るものがあります。太さ3〜16mm程度の細いロープですが、緩く作られているため、同質同径の三つ撚りロープよりもかなり強度が落ちます。

3）ブレード打ち（16打ち）ロープ

内芯をそれと同質の16本のストランドを丸編みして被覆したものです。表面が滑らかで摩擦抵抗が少なくキンクも発生しません。係留索やアンカーロープ、滑車用に適しています。

4）ダブル・ブレード打ち（16打ち×2）ロープ

二重構造という独特の形のロープです。16本のストランドを緩く撚ったロープを内芯にし、周囲をさらに16本の同質のストランドを丸編みして被覆したものです。ブレード・ロープよりさらに滑らかで取り扱いやすく、伸度、強度、耐摩耗性の面でも優れています。大型船の係留索やヨットのセイルロープなどに適しています。

1-2　ロープの取り扱い

1 ロープを取り扱うときの心得8か条

① **コイル**（幾重もの輪にまとめること）してある新品の三つ撚りロープ（長さ200m）は、コイル中央の穴をのぞいてロープの先端を確認し、先端のある側を下にして立て、穴の上から手を入れてロープの先端を引き出すと、撚りが解けながら出てきます。（図1-14）

② ロープを切断するときは、ストランドが解けないように切断する個所をあらかじめ**ホイッピング**（**端止め**、78ページ参照）してから行います。切断は、**細索**（さいさく）（細いロープ）であればハサミ、中程度の太さではシー・ナイフなど、**大索**（たいさく）（**ホーサー**、太いロープ）は切断機を使うといいでしょう。

シー・ナイフなどで切断するときは、固い床に置いて行います。ロープを手で持って切断するのはとても危険です。絶対にやめましょう。

先端側を下にして中から引き出す。

図1-14　新ロープの解き方

③ ロープをコイルするときは、ねじれに注意し、Z撚りの
ロープは右回りに丸く**わがね**（集めて一つにまとめるこ
と）ます。（図1-15）

　一端が固定物に係止されているときは、係止されてい
る根元側からわがね、ねじれをロープの先端の方に逃が
しながら行います。

　また、S撚りロープは左回りにわがねます。組ロープ、編み
ロープはどちら回りにしてもいいですが、普通は右回りにします。

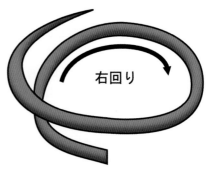

図1-15　コイルの方法

④ ロープは、**安全使用力（使用荷重）**の範囲内で使用します。また、一度使用したロープでは、
最も弱っている部分の強さをもって、そのロープの強さと考えます。

⑤ キンクが生じているロープは強度が低下しているので使用してはいけません。

⑥ 常時使用するロープは、摩耗が早いので早めに取り替えます。また、同じ所だけを使用するので
はなく、ときどき根元側と先端側を入れ替えて使用することがのぞましいです。

⑦ 使用する前に、端からていねいに点検します。注意すべき点は、次の **2** の通りです。

⑧ 使用したロープは汚れを落とし、海水で濡れたものは真水で洗って塩分を除去します。乾燥させ
たあとに、風通しが良くできるだけ湿度の低い冷暗な場所に格納します。

2 使用前の点検と危険なロープの見分け方

　使用前に点検するときの注意すべき点は次のような事項です。
　次に挙げる危険の大きいロープは、続けて使用すると大きな事故につながります。早めの取り換え
が必要です。

１）損傷の大きいロープ

① 外傷のあるもの（繊維やヤーンの切断、摩擦による損傷、局部的なへこみや損傷など。）

② 変形・型崩れのあるもの（キンクの発生、撚りが元に戻らない、ストランドの一部にゆるみや飛
び出し等の異常がある、ロープのねじれや撚りのかかりすぎの跡がある、など。）

③ 表面が毛羽立っているもの（長期間使用され、表面の繊維が広く切れている。）

④ 極度に摩耗しているもの（原形より細くなっている。サイズの合わない滑車で使用すると、片側の摩
耗が激しいものがある。）

⑤ 急激な力や荷重がかかったもの（外傷や変形の有無に関わらず使用しない。）

２）経年劣化の激しいロープ

ロープは時間の経過や保存方法によっても品質の劣化が進みます。未使用のロープで保存状態がよくても10年以上経過したものは使用しないほうがよいでしょう。

マニラ・ロープでは表面の油の染み出し、合成繊維ロープでは表面が毛羽立ち、太く固くなってしなやかさがなくなり、直射日光を浴びて繊維がもろく表面がボロボロと砕けることもあります。

３）腐食等のあるもの

① 保存状態が悪く腐食や変色のあるもの

② 火気や化学薬品に触れた痕跡のあるもの

③ 極度に汚損しているもの

④ 長く海水に浸かっていたもの。乾燥しても硬く取り扱いにくい。

3 ロープ作業をするときの6つの注意

① 荷重がかかっているロープの上に立ったりまたいだりしてはいけません。また、ロープの延長線上での作業は絶対に避けましょう。ロープが伸びきって切断するとゴムのようにはね返り、非常に危険です。

② 摩擦はロープを痛め、著しく強度を低下させます。鋭い角や粗い面など、ロープが接触して擦れやすい所には古帆布などの擦れ当てを巻いて細索で止めるか、グリス塗布などをして保護します。

③ 化学薬品や熱に近づき、または接触するような場所では作業をしてはいけません。

④ ロープはねじれが入らないように使用します。ねじれが入った状態で使用すると強度が低下し危険です。

⑤ ロープは種類によって伸びが異なるので、原則として伸び率の異なるロープは併用しません。どうしても併用しなければならないとき（例えば、船を２本の係留索で係留するとき、１本は合成繊維で１本がマニラ・ロープのときなど）は、２本に均等な荷重がかかるようにするため、伸び率の低いロープ（マニラ・ロープ）を少し緩めにしておくといいでしょう。

⑥ 船舶など滑りやすいロープをウインチで巻く場合、**ワーピング・エンド（綱巻き胴）**[10]への巻き回数は他のロープの場合よりも多くします。また、**ボラード**[11]等に係止するときの巻き回数は、普通３回以上、滑りやすいロープでは５回以上とし、十分に締めて巻き止めます。

---

[10] ワーピング・エンド（綱巻き胴）…ウインチの一端についている系留索やトッピング・リフトなどの巻き取り用ドラム。

[11] ボラード…船舶を係留するために、甲板上に設置している2本1組の鉄柱。

1-3　ロープの強度 ◇◇◇◇◇◇◇◇◇◇◇◇◇◇◇◇◇◇◇◇◇◇◇◇◇◇◇◇◇◇◇◇◇

1 ロープの強度

　ロープの強度を示す指標として**破断力（切断荷重）**があります。これは、ロープに漸次大きな荷重を加えて、切断するときの荷重を言います。例えば、直径10ｍｍの新品のマニラ・ロープの破断力は約0.5トン、同30ｍｍでは4.6トンになります。

　実際にロープを使用するときの荷重は、破断力の1／4～1／8で、普通に使用する場合1／6を目安にしています。これを**安全使用力（使用荷重）**と言い、上記のマニラ・ロープの場合、それぞれ0.08トン、0.76トンとなります。急激な張力がかかるような使い方をする場合は、1／10～1／13を目安にします。

　合成繊維ロープの破断力は、マニラ・ロープと比較して示されることが多いですが、これは繊維としての強度比較であり、編み方の異なるロープにも当てはまるものではないことに注意しなければなりません。

　表1-1は、マニラ繊維の強度を1とした場合の合成繊維の強度比較であり、ロープの強度の目安となるものです。実際の強度はメーカーによっても異なるので、購入時にしっかり確認する必要があります。

表1-1　繊維ロープの強度比較

繊　維	マニラ	ナイロン	ビニロン	テトロン	ＰＥ	ＰＰ
強度比較	1.00	3.00	1.50	2.30	1.50	1.50

　また、同じ材質のロープでも編み方によって強度が変わるので注意しなければなりません。例えば、同じビニロン製で同じ太さでも、三つ撚りロープとクロス・ロープでは変わりませんが、金剛打ちでは強度が半減するものもあります。

　このようにロープの強度は材質だけでなく、編み方、新古の状況、取り扱いや保管方法、劣化の状況等によっても異なってくるので、常に安全を確認してから使用する心構えが必要となります。

2 大索に代用する小索の本数

　大索（太いロープ）1本に対し、同質の小索（細いロープ）が何本で代用できるかは次の式で概算できます。これは、ロープの断面積を等しくするために必要な細いロープの本数となります。

$$N＝（D／d）^2$$

N＝小索の本数　　　D＝大索の直径（ｍｍ）　　　d＝小索の直径（ｍｍ）

（例）直径20ｍｍのロープの代用に10ｍｍのロープを使用する場合に必要な本数は？
$$N＝（20／10）^2＝2^2＝4（本）　　4本必要となる。$$

1-4　ロープ結びの基本

1　ロープ各部の呼び方

　ロープを結ぶとき、各部にはいろいろな呼び方があります。本書では作業で動く側を**先端**、または**索端**とよび、作業をしない長い側、動かない側を**根元**または**索端**、中間部分を**中間**と呼んでいます。（図1-16）

　他にも、先端側を**動端**、端、手、英語名では**ランニング・エンド**、ロープの中央部を**主部**、**主体**、体、動かない側を**元**、**主部**、**ランニング・パート**など、様々な呼称があります。

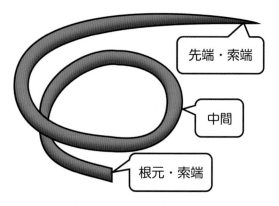

図1-16　ロープ各部の呼び方

2　簡単な結びと名称

　ロープが交差して閉じているものを**輪**、または**ループ**と言い、ロープを二つ折にして曲げた部分を**曲げ**、または**バイト**と言います。

　小型船が岸壁や桟橋に一時的に係留するとき、岸壁の**ビット**（**係柱**、**係船柱**）などに係留索を回してとることを「バイトにとる」と言います。このようにすると、離岸するときに船内に止めたロープを外して引き込めば、直ちに出航できるという利点があります。（図1-17）

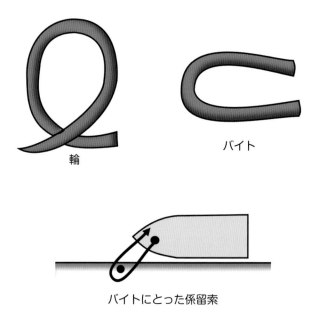

輪

バイト

バイトにとった係留索

図1-17　輪およびバイト

3 結びは右回りに

　三つ撚りロープは右回りにすると撚りが入らず巻きやすくなります。ロープに輪を作るときや円材等に巻くときは、右回りにして、上方向または右方向に向かって作業します。

　ただし、結びによっては左回りに巻くものや左回りに巻いた方がよいものもあります。組ロープや編みロープも慣習として同じように扱っています。

4 ヒッチ（結着）のかけ方 ※詳しくは、次のページ「2-1 ヒッチ」を参照。

　ヒッチ（結着）は、円材等に上から回してかけるだけでなく、下から回すことも少なくありません。例えば、箱物や束ねた新聞などを縛るときは、ロープや紐を下において下回しで行うのが普通です。（図1-18）

　本書は上回しを主としていますが、両方ともできるようにすると、いろいろな場面での作業がスムーズにできるようになります。

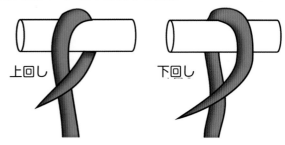

図1-18　ヒッチのかけ方

---

column
1

「試験で役立つ結び方」8選

＜二級小型船舶操縦士実技試験編＞

　これらの結びは受験のためだけでなく、実際に海の上でもよく使用されます。安全な結び方として、何度も練習し、暗がりや揺れる場所でもできるようにしましょう。試験は、日本語名で行われます。

① **もやい結び（ボーライン・ノット、35ページ）**
　　ロープの先に輪を作って掛けるとき、ロープを掛けてから輪を結ぶとき。
② **ひと結び（ハーフ・ヒッチ）とふた結び（ツー・ハーフ・ヒッチ、12ページ）**
　　ロープの先端をしっかり止めるとき、張っているロープの末端を止めるとき
③ **一重つなぎ（シングル・シートベンド）と二重つなぎ（ダブル・シートベンド、58ページ）**
　　ロープとロープをつなぐとき。
④ **巻き結び（クラブ・ヒッチ、14ページ）**
　　ビット（立柱）などにすばやく止めるとき。実務では、さらにハーフ・ヒッチを1回かけます。
⑤ **本結び（リーフ・ノット 59ページ）**
　　ロープとロープをつなぐとき、物を固縛し末端を結び止めるとき。
⑥ **8の字結び（フィギュア・オブ・エイト・ノット、30ページ）**
　　ロープを遠くに投げるため先端を重くするとき、グロメットなどの穴に通したロープが抜けないようにするとき、また救助用のロープなどの滑り止めにするとき。
⑦ **錨結び（フィッシャーマンズ・ベンド、18ページ）**
　　錨にロープを結ぶとき、ロープの先端を固く止めるとき。
⑧ **クリート結び（クリートへの止め方、129ページ）**
　　小型船で使用する細い係留索などを止めるとき。

第2章 基本的なロープの結び方

2-1　ヒッチ（結着：物に縛りつける結び）◇◇◇◇◇◇◇◇◇◇◇◇◇◇◇◇◇◇

　この章では、ロープを円材など他の物体に巻きつけたり固く縛りつけたりする結びを取り扱います。このような結びを総称して**ヒッチ（結着）**と言いますが、一部**ノット（結節）**と称される結びも含まれています。

（1）ハーフ・ヒッチ (Half Hitch : ひと結び)

　いろいろな結びの基本となるものです。ロープを一時的に結び止めるときに使用されますが、これだけでは解けやすいので、普通は他の結びと併用して用いられます。**ひと結び**とも言います。（図2-1）

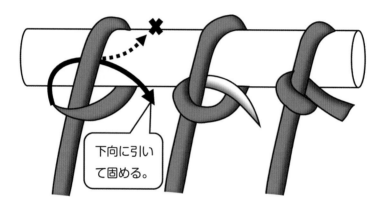

下向に引いて固める。

図2-1　ハーフ・ヒッチ

（2）ツー・ハーフ・ヒッチ（ Two Half Hitch : ふた結び ）

　ハーフ・ヒッチを2回行ったもので、リングや円材等にしっかりと結ぶことができます。**ふた結び**とも言います。（図2-2）

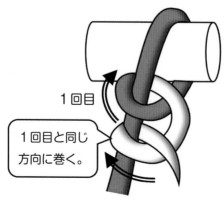

1回目

1回目と同じ方向に巻く。

図2-2　ツー・ハーフ・ヒッチ

（3）ラウンドターン・アンド・ハーフ・ヒッチ
（ Round Turn & Half Hitch：大錨結び ）

ロープを2回巻いて、ハーフ・ヒッチを1回かけたものです。錨のリングに巻いたものを**大錨結び**とも言います。（図2-3）

2回巻く。

図2-3　ラウンドターン・アンド・ハーフ・ヒッチ

（4）ラウンドターン・アンド・ツー・ハーフ・ヒッチ
（ Round Turn & Two Half Hitch ）

ロープを2回巻いて、ツー・ハーフ・ヒッチにしたものです。ロープが張ったままでもしっかりと固定して結べるのが長所です。（図2-4）

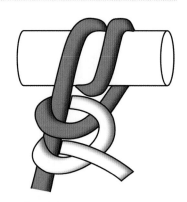

図2-4　ラウンドターン・アンド・ツー・ハーフ・ヒッチ

（5）スリップッド・ハーフ・ヒッチ
（ Slipped Half Hitch ）

ロープの先端を引くと簡単に解くことができます。この結びは、ほかの結びにも多く使用されます。（図2-5）

スリップ：折り曲げてヒッチをかける。

図2-5　スリップッド・ハーフ・ヒッチ

（6）クラブ・ヒッチ (Clove Hitch : 巻き結び)

巻き結び、徳利結び[*12]とも言われるように一般によく知られた結びです。結び方がゆるいと位置が移動したり、滑って解けてしまうことがあるので、安全のためハーフ・ヒッチをかけるのが普通です。先端を、根元ロープの左側から出して結ぶこともできます。（図2-6）

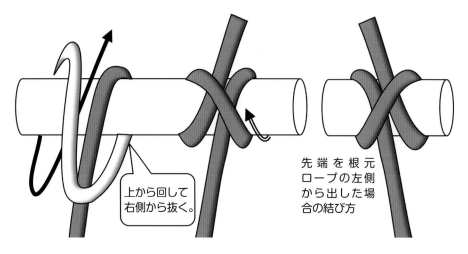

上から回して
右側から抜く。

先端を根元
ロープの左側
から出した場
合の結び方

図2-6　クラブ・ヒッチ

別法もあり、杭や立柱に結ぶときは、先端側が根元ロープの下になるように、輪を1個ずつ作ってかけるか、2個作って同時にかけるとすばやくできます。（図2-7）

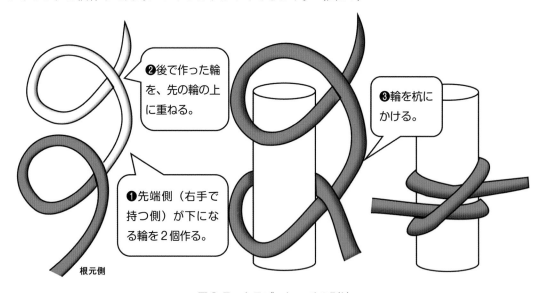

❷後で作った輪
を、先の輪の上
に重ねる。

❸輪を杭に
かける。

❶先端側（右手で
持つ側）が下にな
る輪を2個作る。

根元側

図2-7　クラブ・ヒッチの別法

*12 「クラブ・ヒッチ」の別名…巻き結び、徳利結びの他にも、かこ結び、マスト結び、船乗り結び、止め釘結びなどがある。

（7）ストラングル・ノット
(Strangle Knot)

長いロープを**コイル**（幾重もの輪にまとめること）した後に、ロープをまとめて縛るときに使用されます。スリップにしておくと、次に使用するときに作業がしやすくなります。（図2-8）

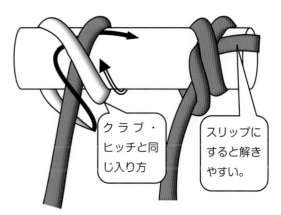

クラブ・ヒッチと同じ入り方

スリップにすると解きやすい。

図2-8 ストラングル・ノット

（8）コンストリクター・ノット
(Constrictor Knot : 固め結び)

先端をクラブ・ヒッチのように導入します。**固め結び**とも言い簡単に結べるが頑丈で、一旦きつく締めると解くのは困難です。
また、杭などに結ぶときは、下図のように作り、上からかけると簡単にできます。（図2-9）

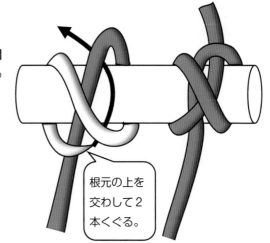

根元の上を交わして2本くぐる。

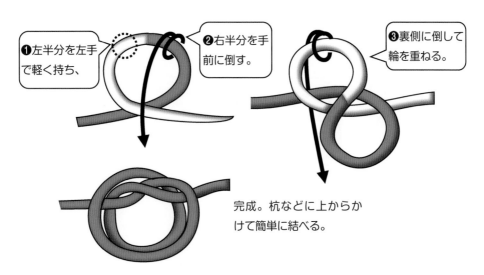

❶左半分を左手で軽く持ち、

❷右半分を手前に倒す。

❸裏側に倒して輪を重ねる。

完成。杭などに上からかけて簡単に結べる。

図2-9 コンストリクター・ノット

（9）ローリング・ヒッチ（ Rolling Hitch : 枝結び ）

　ロープの先端を、根元ロープを引く方向側から2回巻きクラブ・ヒッチと同じように止めます。**枝結び**とも言い、丸太や太いロープを大勢の人で引くときなどに使用されます。結び目と直角の方向に力がかかるので滑りにくいという特長があります。（図2-10）

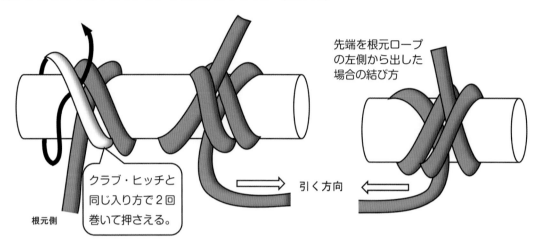

先端を根元ロープ
の左側から出した
場合の結び方

クラブ・ヒッチと
同じ入り方で2回
巻いて押さえる。

根元側

引く方向

図2-10　ローリング・ヒッチ

（10）ティンバー・ヒッチ (Timber Hitch : ねじり結び)

　ねじり結びとも言い、ロープの先端を柱や棒に急いで縛りつけるときに便利な結び方です。また、丸太や円材など大きな丸物を持ち上げるときにも用いられます。（図2-11）

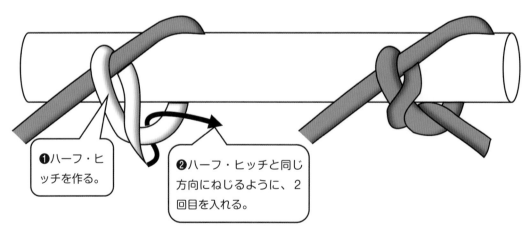

❶ハーフ・ヒッチを作る。

❷ハーフ・ヒッチと同じ方向にねじるように、2回目を入れる。

図2-11　ティンバー・ヒッチ

（11）カウ・ヒッチ（Cow Hitch：ひばり結び）

　ロープの中間を応急的に物に引っ掛けるとき、また、ロープの両端に同一の力がかかるときなどに用いられます。カウボーイが、馬の手綱の中間を小枝や柵に一時的に結ぶときによく使用したことからこの名がついたと言われています。**ひばり結び**とも言います。（図2-12）

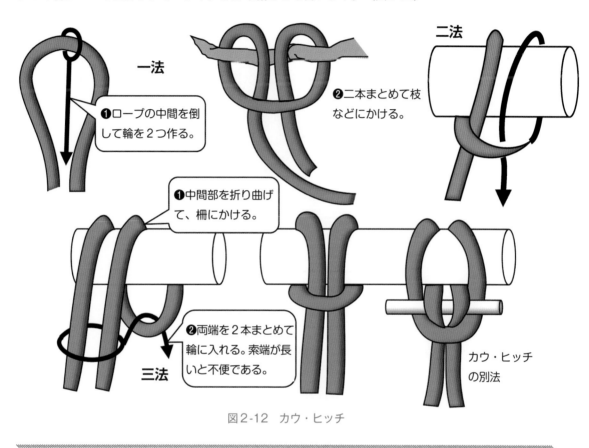

❶ロープの中間を倒して輪を2つ作る。

一法

❷二本まとめて枝などにかける。

二法

❶中間部を折り曲げて、柵にかける。

❷両端を2本まとめて輪に入れる。索端が長いと不便である。

三法

カウ・ヒッチの別法

図2-12　カウ・ヒッチ

（12）ログ・ヒッチ（Log Hitch：丸太結び、引き網結び）

　丸太結びとも言い、長い丸太などを引くときに用いられます。最初に、ロープを引く方向の根元側にハーフ・ヒッチをかけ、次に少し離してティンバー・ヒッチを作ります。引手が右側になる場合は、ハーフ・ヒッチが右側になります。**ハーフ・アンド・ティンバー・ヒッチ**、あるいは**引き綱結び**とも言います。（図2-13）

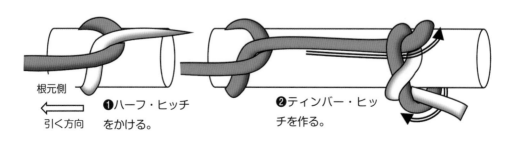

根元側

引く方向

❶ハーフ・ヒッチをかける。

❷ティンバー・ヒッチを作る。

図2-13　ログ・ヒッチ

（13） フィッシャーマンズ・ベンド (Fisherman's Bend : 錨結び)

　簡単で強く張っても安全な結び方の一つで、**錨結び**とも言います。**A**図は、結びを固く締めたもの
で簡単には解けません。**B**図は、２周回した部分にゆとりを持たせ、先端を細索またはボーライン・
ノット（35ページ参照）で止めるものです。強くロープを張った後でも簡単に解くことができます。
（図2-14）

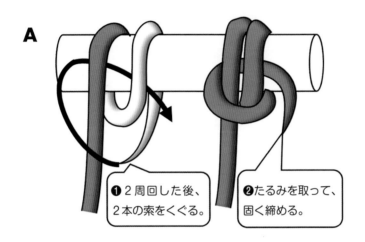

A

❶２周回した後、
２本の索をくぐる。

❷たるみを取って、
固く締める。

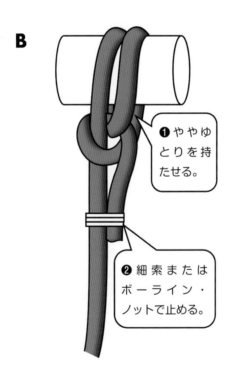

B

❶ややゆ
とりを持
たせる。

❷細索または
ボーライン・
ノットで止める。

図2-14　フィッシャーマンズ・ベンド

（14）フィッシャーマンズ・ベンド・アンド・ハーフ・ヒッチ
(Fisherman's Bend & Half Hitch)

C図・D図は、ロープを**錨環**（**アンカー・リング**）に結びつけるときに用いられ、さらに安全になります。フィッシャーマンズ・ベンド、または**錨結び**と言われることもあります。名称が一定していない結びです。（図2-15）

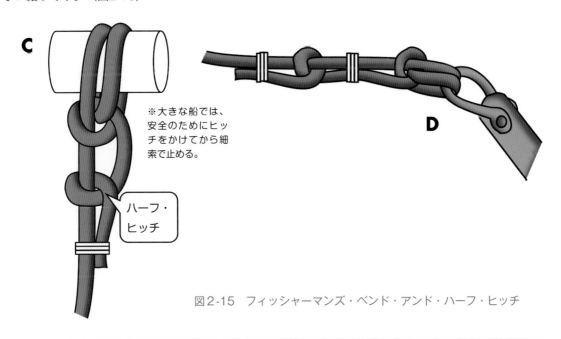

※大きな船では、安全のためにヒッチをかけてから細索で止める。

ハーフ・ヒッチ

図2-15　フィッシャーマンズ・ベンド・アンド・ハーフ・ヒッチ

（15）マーリン・ヒッチ (Marline Hitch：くくり結び)

長いロープでオーバーハンド・ノット（29ページ参照）を連続させ、物を巻き止めるときに用いられます。**ヤード（帆桁）**に丸めた**帆（セール）**を巻き止めるときや、魚をすくうタモの枠の縁ロープを取り付けるなど、用途は多くあります。ロープの根元や巻いた後の先端は、ティンバー・ヒッチやツー・ハーフ・ヒッチで止めておきます。**くくり結び**とも言います。（図2-16）

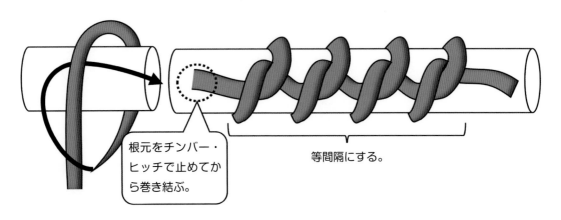

根元をチンバー・ヒッチで止めてから巻き結ぶ。

等間隔にする。

図2-16　マーリン・ヒッチ

（16）テレグラフ・ヒッチ（Telegraph Hitch）

パイプや円材に平行に力がかかるときに用いられます。最後は、根元側ロープに先端側でクラブ・ヒッチをかけて止めます。（図2-17）

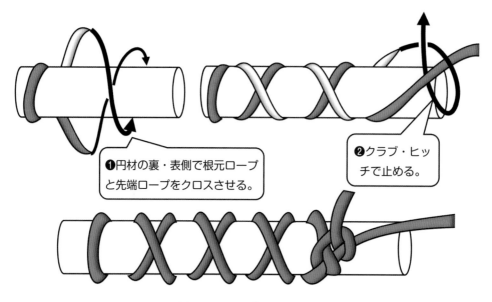

❶円材の裏・表側で根元ロープと先端ロープをクロスさせる。

❷クラブ・ヒッチで止める。

図2-17　テレグラフ・ヒッチ

（17）マーリン・スパイキ・ヒッチ
（Marline Spike Hitch：てこ結び）

てこ結びとも言い、**スパイキ**[13]を利用して、てこの原理でロープを引き締めるときに使用します。**トグル**[14]を外すだけで簡単に解除することができる安全、かつ一時的なヒッチです。

船では、トグルに**木製スパイキ**を使用するのでこの名がついています。（図2-18）

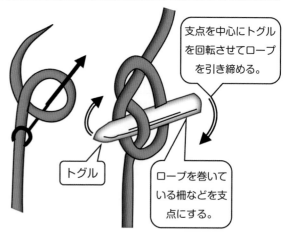

支点を中心にトグルを回転させてロープを引き締める。

トグル

ロープを巻いている柵などを支点にする。

図2-18　マーリン・スパイキ・ヒッチ

---

[13]　スパイキ…先の尖った木製、または鉄製の先端が細くなった道具でロープやワイヤーを編んだりする。（83ページ、「コラム7」参照）

[14]　トグル…ロープの輪に通す留め木のこと。普通、円材が使用される。右写真参照。

著者作成

（18）ボート・ノット（ Boat Knot ）

ボートを他の船に曳いてもらうときなどに応用されます。曳索に力がかかったままでも、トグルを外せばロープを離すことができます。（図2-19）

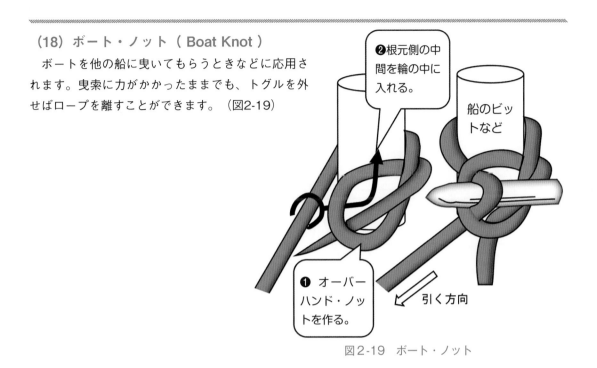

❷根元側の中間を輪の中に入れる。

船のビットなど

❶オーバーハンド・ノットを作る。

引く方向

図2-19　ボート・ノット

（19）シベリアン・ヒッチ（ Siberian Hitch ）

寒冷地で、厚い手袋をつけた状態でも簡単に結ぶことができる**引き解き結び**です。（図2-20）

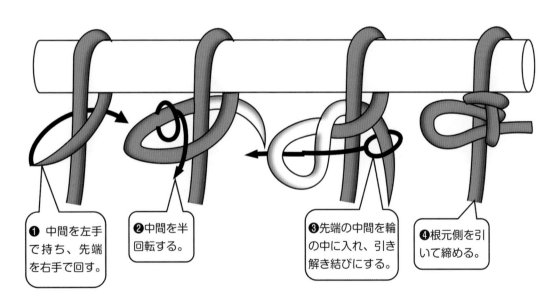

❶中間を左手で持ち、先端を右手で回す。

❷中間を半回転する。

❸先端の中間を輪の中に入れ、引き解き結びにする。

❹根元側を引いて締める。

図2-20　シベリアン・ヒッチ

（20）ドゥロー・ヒッチ (Draw Hitch)

　最も一般的な**引き解き結び**です。ボート内にロープをしばっておくときなど、すばやく結べ、先端側を引けば簡単に解くことができます。（図2-21）

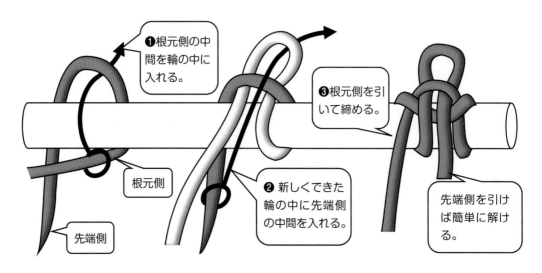

❶根元側の中間を輪の中に入れる。

❸根元側を引いて締める。

根元側

❷ 新しくできた輪の中に先端側の中間を入れる。

先端側

先端側を引けば簡単に解ける。

図2-21 ドゥロー・ヒッチ

（21）パイル・ヒッチ (Pile Hitch : 杭結び)

　小型船を岸壁の**ボラード、ビット**に素早くつなぐときに使用されます。（図2-22）

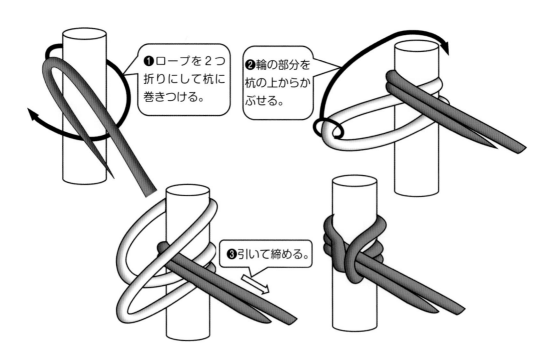

❶ロープを2つ折りにして杭に巻きつける。

❷輪の部分を杭の上からかぶせる。

❸引いて締める。

図2-22　パイル・ヒッチ

（22）帆足取り

日本の小型船で古くから使われている結びの一つで、他の船を引くときに使用されます。ロープに力がかかっていても簡単に結べ、また解くのも簡単です。（図2-23）

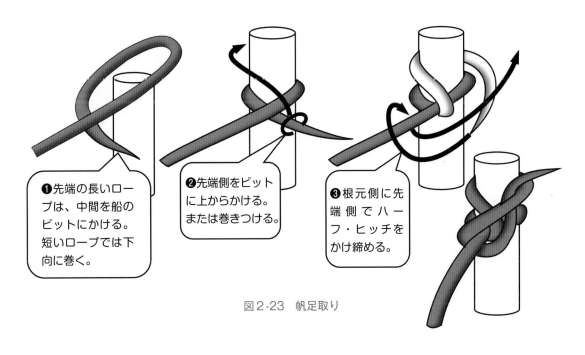

❶先端の長いロープは、中間を船のビットにかける。短いロープでは下向に巻く。

❷先端側をビットに上からかける。または巻きつける。

❸根元側に先端側でハーフ・ヒッチをかけ締める。

図2-23　帆足取り

（23）バッグ・ノット (Bag Knot)

バッグや袋の口を結ぶときに簡単に結べて便利な結び方です。（図2-24）

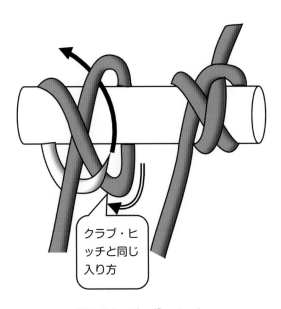

クラブ・ヒッチと同じ入り方

図2-24　バッグ・ノット

（24）ネット・ライン・ヒッチ (Net Line Hitch)

ネットにヘッド・ロープを連結するのに用いられます。
（図2-25）

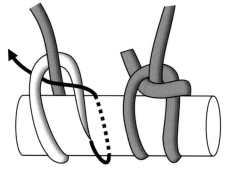

図2-25　ネット・ライン・ヒッチ

（25）スタンスル・タック・ベンド (Studding Sail Tack Bend)

　セールのタックを結ぶときなどに用いられます。ツー・ハーフ・ヒッチに似ていますが、それより安全です。負荷が大きいと解きにくくなるのが短所です。スタッディング・セール・タック・ベンドが正式名。**バントライン・ヒッチ**とも言います。　（図2-26）

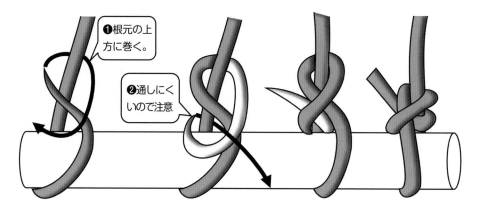

❶根元の上方に巻く。

❷通しにくいので注意

図2-26　スタンスル・タック・ベンド

（26）スタンスル・ハリヤード・ベンド (Studding Sail Halyard Bend)

　ヤードにハリヤードを取り付けるときに用いられます。フィッシャーマンズ・ベンドより強固で使用中に解けることがなく、横移動もないしっかりした結びです。　（図2-27）

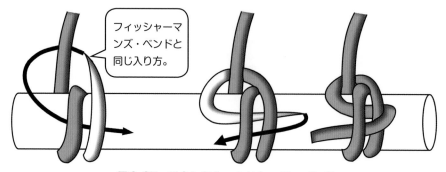

フィッシャーマンズ・ベンドと同じ入り方。

図2-27　スタンスル・ハリヤード・ベンド

（27）日本の結び

1）男結び

　造園で使われています。**もやい結び**（ボーライン・ノット）の代わりとしても用いられることがある強固な結びですが、一度締まると解けにくい結びです。（図2-28）

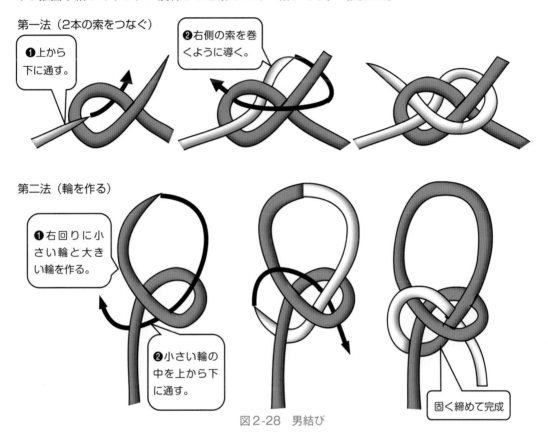

第一法（2本の索をつなぐ）

❶上から下に通す。

❷右側の索を巻くように導く。

第二法（輪を作る）

❶右回りに小さい輪と大きい輪を作る。

❷小さい輪の中を上から下に通す。

固く締めて完成

図2-28　男結び

2）女結び

　男結びに比べて解けやすい結びです。（図2-29）

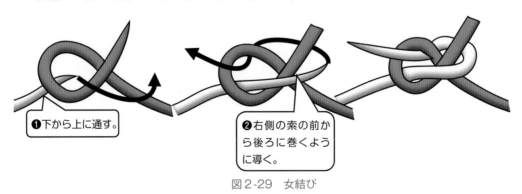

❶下から上に通す。

❷右側の索の前から後ろに巻くように導く。

図2-29　女結び

3） 稲苗結び

索の根元側で巻いて止めるので、無駄が少ない結びです。（図2-30）

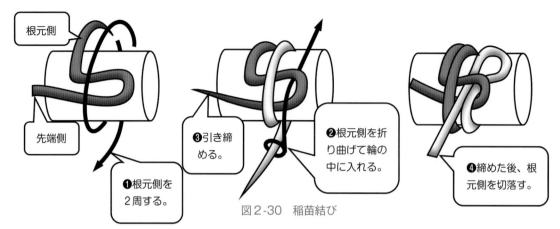

❶根元側を2周する。

❷根元側を折り曲げて輪の中に入れる。

❸引き締める。

❹締めた後、根元側を切落す。

根元側

先端側

図2-30　稲苗結び

4） 垣根結び

索を下からかける（左回り）方法（図2-31）と上からかける（右回り）方法（図2-32）があります。前者が一般的ですが固めるのがやや難しい結びです。後者は初心者でも固く結べ、箱物を縛るときにも利用できます。

第一法（左回り）

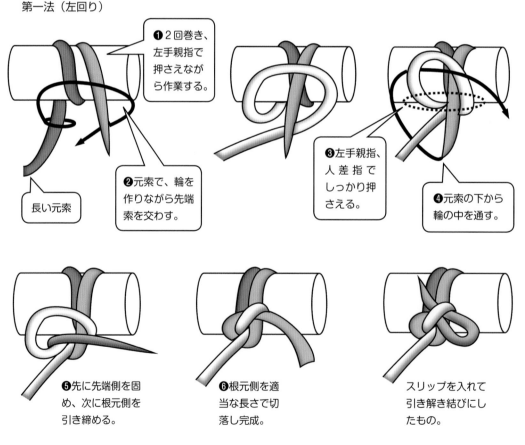

❶2回巻き、左手親指で押さえながら作業する。

❷元索で、輪を作りながら先端索を交わす。

長い元索

❸左手親指、人差指でしっかり押さえる。

❹元索の下から輪の中を通す。

❺先に先端側を固め、次に根元側を引き締める。

❻根元側を適当な長さで切落し完成。

スリップを入れて引き解き結びにしたもの。

図2-31　垣根結び①

第二法（右回り）

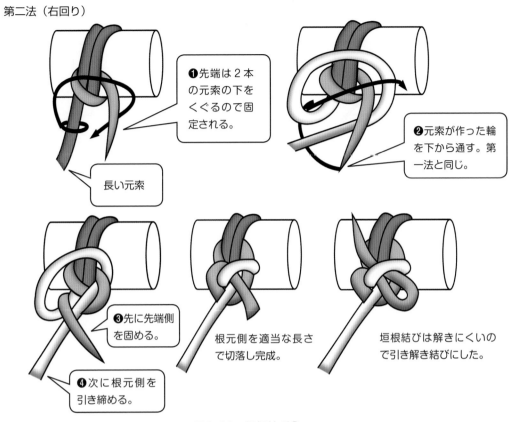

❶先端は2本
の元索の下を
くぐるので固
定される。

長い元索

❷元索が作った輪
を下から通す。第
一法と同じ。

❸先に先端側
を固める。

❹次に根元側を
引き締める。

根元側を適当な長さ
で切落し完成。

垣根結びは解きにくいの
で引き解き結びにした。

図2-32　垣根結び②

5）　俵結び

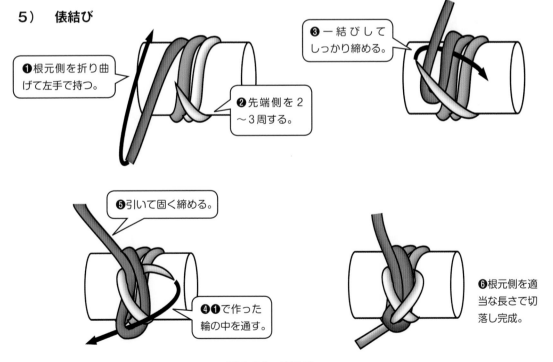

❶根元側を折り曲
げて左手で持つ。

❷先端側を2
～3周する。

❸一結びして
しっかり締める。

❺引いて固く締める。

❹❶で作った
輪の中を通す。

❻根元側を適
当な長さで切
落し完成。

図2-33　俵結び

6）かます結び

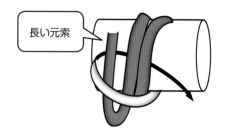

長い元索

❶根元側を折り曲げて左手で持ち、先端側を2周して図のように通す。

❷先端側を固めてから根元側の輪を通す。

❸根元側を引き締めてから、適当な長さで切り落す。

図2-34　かます結び

column
2

「現場で役立つ結び方」5選（1）

いろんな場面で使えるロープ・ワークを〈日常編〉として選びました。

＜日常編＞

① **ボーライン・ノット（35ページ）** あらゆるものに輪をかけるとき。

② **リーフ・ノット/ハーフ・バウ・ノット/バウ・ノット（59、60ページ）** ロープや紐をつなぐとき、紐で物を縛るとき、靴紐や襟ひもを結ぶときなど広く使用できます。

③ **ツー・ハーフ・ヒッチ/ラウンドターン・アンド・ツー・ハーフ・ヒッチ（12、13ページ）** ロープをゆるめず両端を固く止めるとき、風で物が移動しないようにするとき、物を吊り上げるときなど、物をしっかり止めるときに使用します。

④ **クラブ・ヒッチ（14ページ）** ロープの端を固定する、袋物の口や固形物を縛る、多数の杭にロープをつなぐときなど、ロープの中間でも結ぶことができるので利用範囲は広いです。

⑤ **シープ・シャンク（71ページ）** 長いロープを短くして整頓するとき。

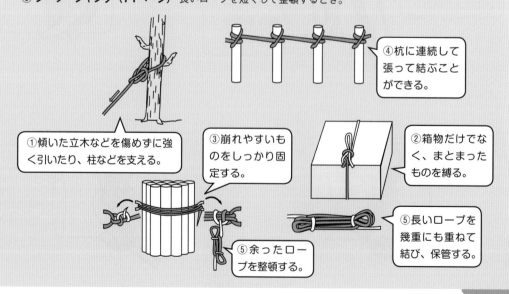

④杭に連続して張って結ぶことができる。

①傾いた立木などを傷めずに強く引いたり、柱などを支える。

③崩れやすいものをしっかり固定する。

②箱物だけでなく、まとまったものを縛る。

⑤長いロープを幾重にも重ねて結び、保管する。

⑤余ったロープを整頓する。

2-2 ノット（結節：こぶ・節を作る結び）

ノットとは、ロープに「**こぶ**」または「**ふし**」を作る方法で**結節**とも言います。

1 端止め法

（1） オーバーハンド・ノット
（Over Hand Knot：止め結び）

ロープの端を1回結んだもので、ロープがほどけないようにするほか、他の結びに応用するなど用途は広くあります。基本的な結びの一つで、通常は右回りにします。（図2-35）

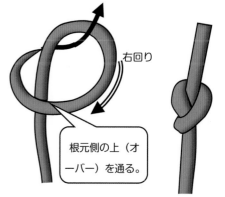

右回り

根元側の上（オーバー）を通る。

図2-35　オーバーハンド・ノット

（2） ダブル・オーバーハンド・ノット
（Double Over Hand Knot：固め結び）

オーバーハンド・ノットを2回続けたもので、いろいろな端止めに用いられます。（図2-36）

図2-36　ダブル・オーバーハンド・ノット

（3） スリーホールド・オーバーハンド・ノット
（Threefold Over Hand Knot）

オーバーハンド・ノットを3回続けたもので他の結びに応用されます。ロープの端を遠くに投げるときにも便利です。（図2-37）

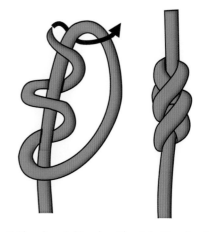

図2-37　スリーホールド・オーバーハンド・ノット

（4）スリップド・オーバーハンド・ノット
（Slipped Over Hand Knot）

オーバーハンド・ノットにスリップを入れたもので、解きやすくなります。（図2-38）

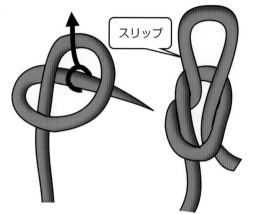

図2-38 スリップド・オーバーハンド・ノット

（5）フィギュア・オブ・エイト・ノット
（Figure of Eight Knot : 8の字結び）

用途はオーバーハンド・ノットと同じ端止めですが、こぶが大きくなります。簡単に結べて解きやすく、ロープをつなぐときなど幅広く応用されます。**8の字結び**とも言います。（図2-39）

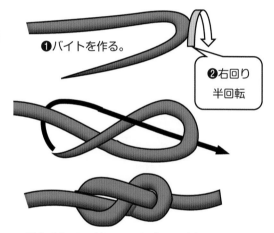

❶バイトを作る。
❷右回り半回転

図2-39 フィギュア・オブ・エイト・ノット

（6）ステベドア・ノット
（Stevedore Knot）

ロープを投げるときに、先端を重くするために結びます。船の荷役作業員（ステベドア）がよく使用したのでこの名があります。（図2-40）

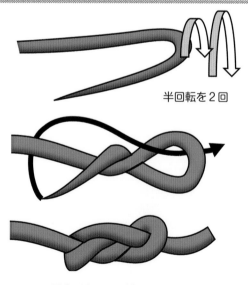

半回転を2回

図2-40 ステベドア・ノット

column
3

「現場で役立つ結び方」5選（2）

いろんな場面で使えるロープ・ワークを〈山とキャンプ場編〉として選びました。

＜山とキャンプ編＞

① **ボーライン・ノット（35ページ）**
　あらゆるものに輪をかけるとき。

② **ラウンドターン・アンド・ツー・ハーフ・ヒッチ（13ページ）**
　ロープを木などに固定するとき。

③ **リーフ・ノット（59ページ）**
　ロープをつなぐとき、物を縛るとき両方に使できます。

④ **インライン・フィギュア・エイト・ノット（36ページ）**
　中間者結びとして、また物を吊るすのに便利です。

⑤ **フィギュア・オブ・エイト・ノット（30ページ）**
　グロメットなどからロープが抜けないようにするとき。

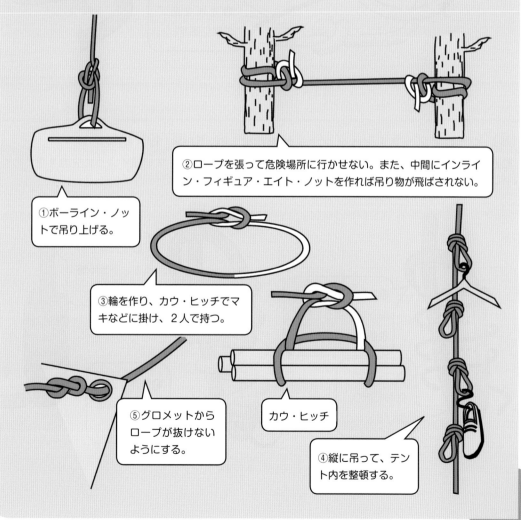

②ロープを張って危険場所に行かせない。また、中間にインライン・フィギュア・エイト・ノットを作れば吊り物が飛ばされない。

①ボーライン・ノットで吊り上げる。

③輪を作り、カウ・ヒッチでマキなどに掛け、2人で持つ。

⑤グロメットからロープが抜けないようにする。

カウ・ヒッチ

④縦に吊って、テント内を整頓する。

（7）ライフライン・ノット (Lifeline Knot : 命綱結び)

　人命救助のロープを投げるときなどに使用されます。先端のこぶが滑りにくく、両手でつかむことができます。こぶを大きくしたい場合は、輪の数を増やすとよいでしょう。（図2-41）

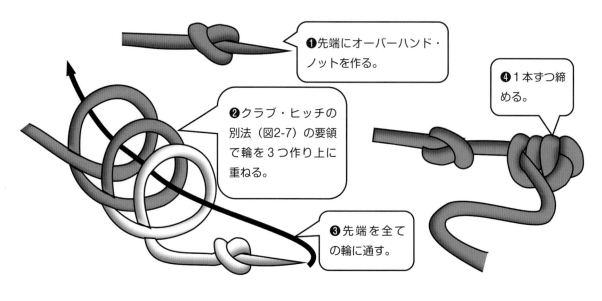

❶先端にオーバーハンド・ノットを作る。

❷クラブ・ヒッチの別法（図2-7）の要領で輪を3つ作り上に重ねる。

❸先端を全ての輪に通す。

❹1本ずつ締める。

図2-41 ライフライン・ノット

（8）ヒービング・ライン・ノット (Heaving Line Knot : 投げ綱結び)

　船から岸壁に向かってロープを投げるときなど、できるだけ遠くまで届くように先端を重くした結びです。（図2-42）

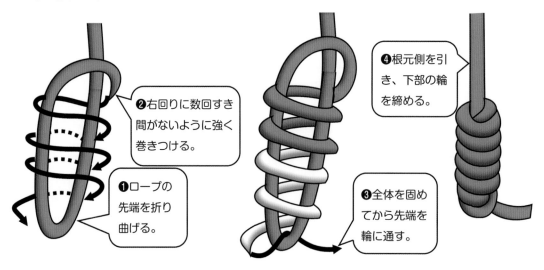

❷右回りに数回すき間がないように強く巻きつける。

❶ロープの先端を折り曲げる。

❹根元側を引き、下部の輪を締める。

❸全体を固めてから先端を輪に通す。

図2-42　ヒービング・ライン・ノット

（9）マルティプル・オーバーハンド・ノット (Multiple Over Hand Knot)

オーバーハンド・ノットを連続して作るもので、先端を重くすることができます。いずれの方法でも先端側を通したら、両方に引いて締めます。（図2-43）

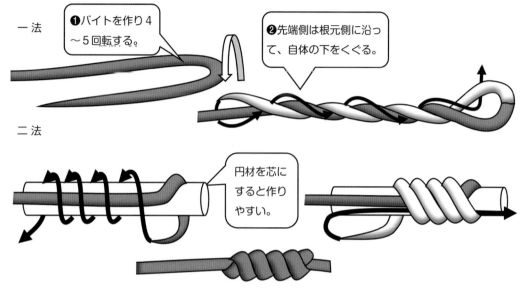

一法

❶バイトを作り4〜5回転する。

❷先端側は根元側に沿って、自体の下をくぐる。

二法

円材を芯にすると作りやすい。

図2-43　マルティプル・オーバーハンド・ノット

（10）チェーン・オブ・オーバーハンド・ノット (Chain of Over Hand Knot : 連続止め結び)

オーバーハンド・ノットを素早く連続して作る方法です。高所から脱出するときに使用されるので**ライフライン・ノット**とも言われます。ロープが長い場合は、床に置いて行います。（図2-44）

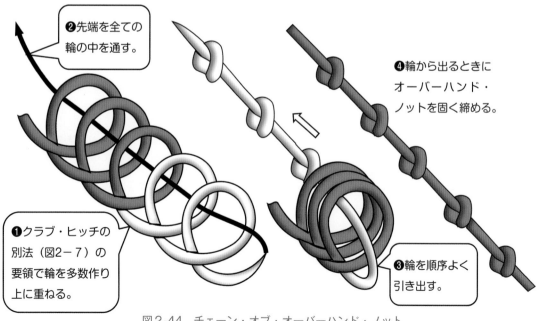

❷先端を全ての輪の中を通す。

❹輪から出るときにオーバーハンド・ノットを固く締める。

❶クラブ・ヒッチの別法（図2−7）の要領で輪を多数作り上に重ねる。

❸輪を順序よく引き出す。

図2-44　チェーン・オブ・オーバーハンド・ノット

（11）チェーン・オブ・エイト・ノット (Chain of Eight Knot : 連続8の字結び)

フィギュア・オブ・エイト・ノットを連続して作るものです。（図2-45）

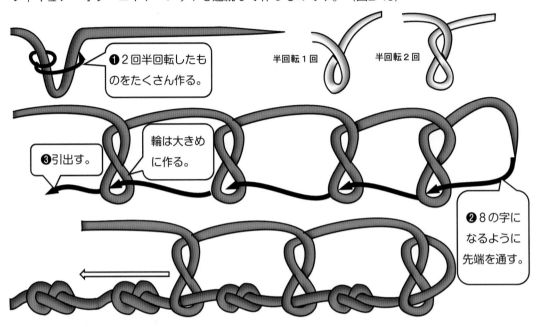

図2-45　チェーン・オブ・エイト・ノット

column
4

エイト・ノットは便利で奥が深い！

フィギュア・オブ・エイト・ノット（8の字結び）は、素早く結べて、使用後も解きやすいのが特長ですが、その応用されたものは用途が広く覚えておくととても便利です。

エイト・ノット

① **フィギュア・オブ・エイト・ノット（通称：エイト・ノット、30ページ）**
主に穴に通したロープが抜けないようにするものす。ビニール・シートのグロメットに通したロープやテニスラケットのガットを貼るときにも使用されます。

② **フィギュア・オブ・エイト・ループ・ノット（通称：二重8の字結び、37ページ）**
輪として利用するほか、道糸（釣糸）の先端に結んでサルカン（金属の輪）にかけたり、竿の先端のリリアンにチチワ結びとしてかけます。いずれもカウ・ヒッチ（17ページ）の要領で結びます。

③ **フィギュア・オブ・エイト・ベンド（通称：二重8の字つなぎ、67ページ）**
安全かつ形状が滑らかでからまりにくく、解きやすいなどから本格的な登山では最も重要な結び方と言われています。また、道糸をつなぐときにも使われます。

④ **インライン・フィギュア・エイト・ノット（36ページ）** 登山のほか貨物の固縛用にも使用されています。また、縦方向のロープにたくさん作れば、キャンプなどで物を吊り下げるのに便利です。

⑤ **チェーン・オブ・エイト・ノット（通称：連続8の字結び 、34ページ）**
ライフ・ラインのほか、手すり用のロープに作ってより安全にします。

⑥ **シングル・ボーライン（39ページ）** もこの仲間です。

2 輪を作る結び

（1） ボーライン・ノット (Bowline Knot：もやい結び)

もやい結びとも言われ、輪を作る結びの代表的なもので「結びの王様（King of knots）」と表現されています。素早く簡単に結べ、いくら力がかかってもほどけずに安全です。また結びを解くのも容易であり、小型船舶やボートで最も多く使われています。主に次の3種類があります。（図2-46〜2-48）

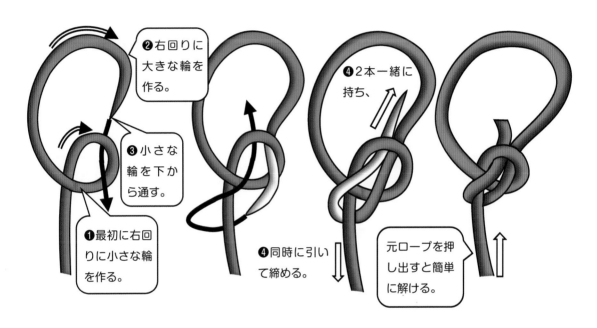

❷右回りに大きな輪を作る。

❸小さな輪を下から通す。

❶最初に右回りに小さな輪を作る。

❹2本一緒に持ち、

❹同時に引いて締める。

元ロープを押し出すと簡単に解ける。

図2-46　ボーライン・ノット①（一般的な作り方）

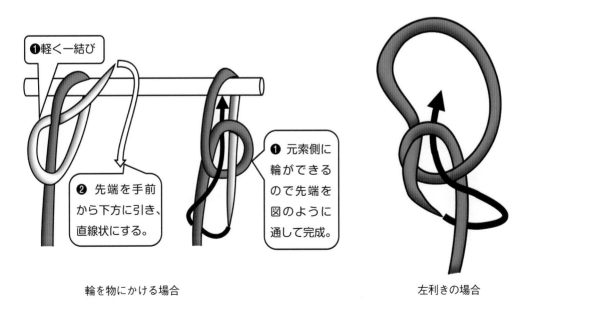

❶軽く一結び

❷ 先端を手前から下方に引き、直線状にする。

❶ 元索側に輪ができるので先端を図のように通して完成。

輪を物にかける場合

左利きの場合

図2-47　ボーライン・ノット②

図2-48　ボーライン・ノット③

（2）ランニング・ボーライン (Running Bowline)

　ロープの根元部にボーライン・ノットをかけたもので、動物を捕らえる**わな結び**です。輪の大きさは、ロープが自由に動く程度の小さなものでよい。引手の力が強いとよく締まりますが、緩めれば簡単に解けるので、長いものを束ねて吊り上げるときなどにも使用されます。（図2-49）

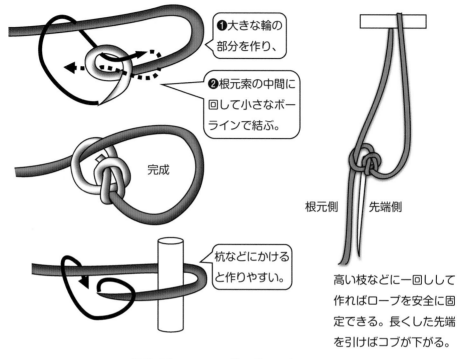

❶大きな輪の部分を作り、

❷根元索の中間に回して小さなボーラインで結ぶ。

完成

杭などにかけると作りやすい。

根元側　先端側

高い枝などに一回しして作ればロープを安全に固定できる。長くした先端を引けばコブが下がる。

図2-49　ランニング・ボーライン

（3）インライン・フィギュア・エイト・ノット（ Inline Figure Eight Knot ）

　登山のときに長いロープの中間に一定間隔で作り、足場や手がかりにするのに最適です。（図2-50）

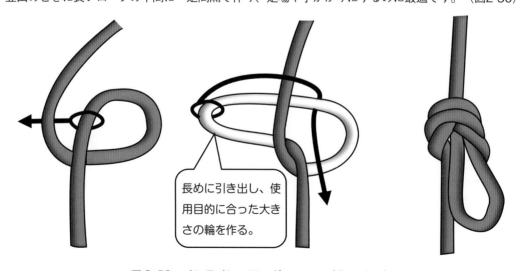

長めに引き出し、使用目的に合った大きさの輪を作る。

図2-50　インライン・フィギュア・エイト・ノット

（4）　オープン・ハンド・アイ・ノット (Open Hand Eye Knot)

　ロープの先端を二重にしてオーバーハンド・ノットを作ったもので、輪を作る基本的な結び方です。簡単に結べるが固くなると解きにくくなります。 （図2-51）

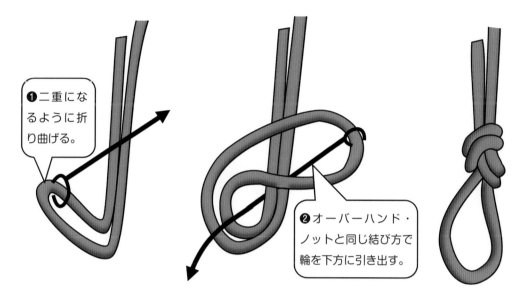

❶二重になるように折り曲げる。

❷オーバーハンド・ノットと同じ結び方で輪を下方に引き出す。

図2-51　オープン・ハンド・アイ・ノット

（5）　フィギュア・オブ・エイト・ループ・ノット (Figure of Eight Loop Knot : 二重8の字結び)

　オープン・ハンド・アイ・ノットに似ていますが、先端を二重にしてエイト・ノットで結んだものです。すばやく結べて安全であり、また解きやすい利点があります。(図2-52)

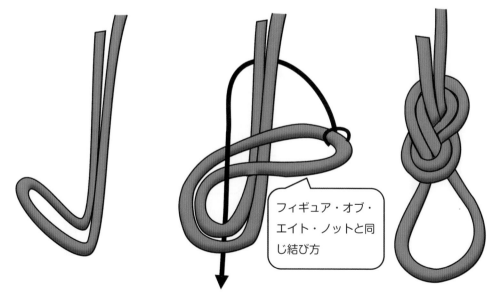

フィギュア・オブ・エイト・ノットと同じ結び方

図2-52　フィギュア・オブ・エイト・ループ・ノット

（6） パーフェクション・ノット（ Perfection Knot ）

ボーライン・ノットよりも強い結び方で、釣り糸や滑りやすいナイロン・ロープに適していますが、やや解きにくいのが欠点です。導入に2つの方法があります。（図2-53）

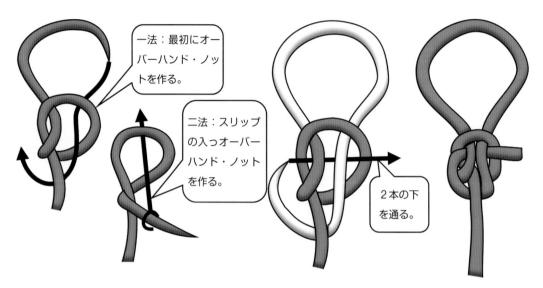

一法：最初にオーバーハンド・ノットを作る。

二法：スリップの入っオーバーハンド・ノットを作る。

2本の下を通る。

図2-53　パーフェクション・ノット

（7） リング・ボーライン（ Ring Bowline ）

水に浮かぶブイのリングに素早く輪を作るときなど、簡単に結べて便利な結びです。（図2-54）

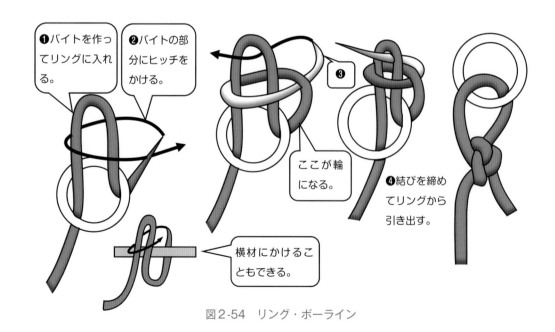

❶バイトを作ってリングに入れる。

❷バイトの部分にヒッチをかける。

❸

ここが輪になる。

❹結びを締めてリングから引き出す。

横材にかけることもできる。

図2-54　リング・ボーライン

（8）シングル・ボーライン（Single Bowline）

　ロープの中間に簡単に作ることができます。貨物のカバーなどを押さえる荷索を引き締めるときに便利で解きやすい結びです。（図2-55）

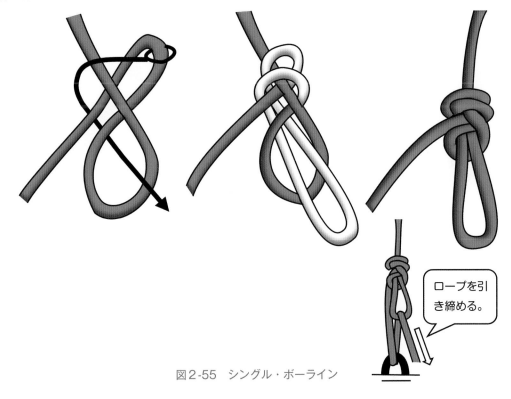

ロープを引き締める。

図2-55　シングル・ボーライン

（9）ホンダ・ノット（Honda Knot）

　オーバーハンド・ノットを2回使用して輪を作る簡単な結び方です。投げ縄に用いられますが、輪は締まりません。（図2-56）

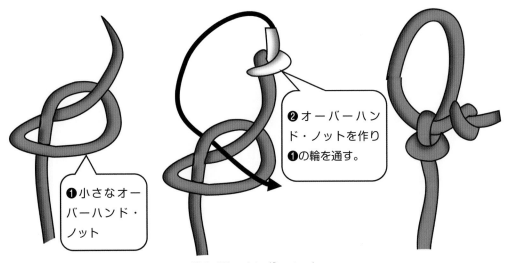

❷オーバーハンド・ノットを作り❶の輪を通す。

❶小さなオーバーハンド・ノット

図2-56　ホンダ・ノット

（10）クロスド・ランニング・ノット (Crossed Running Knot)

　動物を捕えるときに使うわな結びです。獲物がかかったときなど、輪の部分を物にかけてロープを引くと、輪が締まるのが特徴です。立ち木などにロープを回して結ぶこともできます。（図2-57）

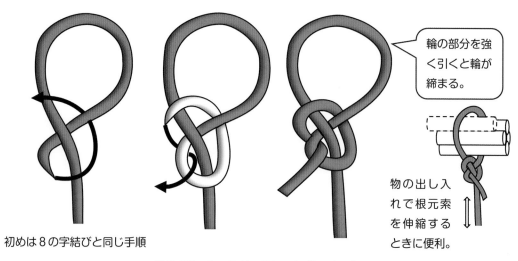

輪の部分を強く引くと輪が締まる。

物の出し入れで根元索を伸縮するときに便利。

初めは8の字結びと同じ手順

図2-57　クロスド・ランニング・ノット

（11）イングリッシュマンズ・ノット (Englishman's Knot)

　ルアーフィッシングで、ルアーとラインを結ぶときに使われます。2つの結び目を作り、これらを引き合わせて1つの結びにするもので、結び目はオーバーハンド・ノットが2つ並んだ形になります。**フリー・ノット**、**フィッシャーマンズ・ループ・ノット**とも言い、クライミング・ロープの輪結びにも用いられます。（図2-58）

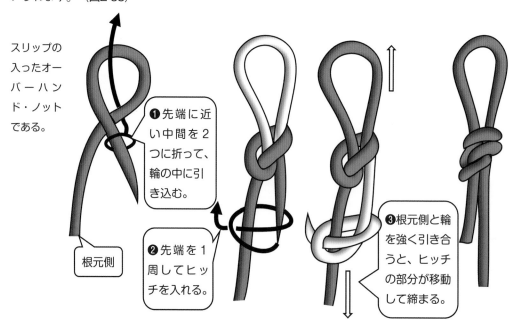

スリップの入ったオーバーハンド・ノットである。

根元側

❶先端に近い中間を2つに折って、輪の中に引き込む。

❷先端を1周してヒッチを入れる。

❸根元側と輪を強く引き合うと、ヒッチの部分が移動して締まる。

図2-58　イングリッシュマンズ・ノット

（12）ローピング（Roping）

わな結びの一つで、**ローピング**とは投げ縄のことです。獲物がかかったり、輪の部分を物にかけてロープを引くと、輪が締まるのが特徴です。（図2-59）

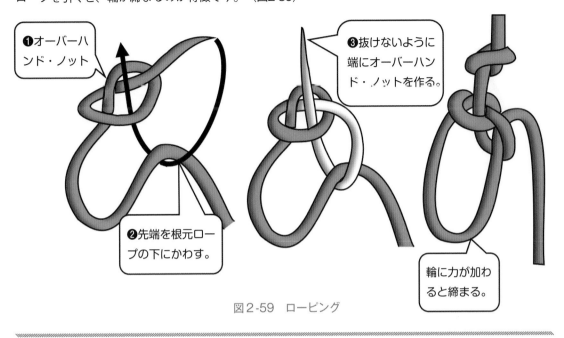

❶オーバーハンド・ノット

❷先端を根元ロープの下にかわす。

❸抜けないように端にオーバーハンド・ノットを作る。

輪に力が加わると締まる。

図2-59　ローピング

（13）スリップド・ノット（Slipped Knot）

簡単に作れる**わな結び**です。（図2-60）

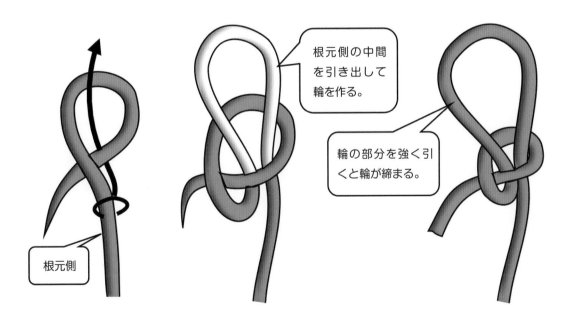

根元側の中間を引き出して輪を作る。

輪の部分を強く引くと輪が締まる。

根元側

図2-60　スリップド・ノット

（14）アーバー・ノット（Arbor Knot）

　主に釣り糸の先端をリールの回転軸に止めるときに使用されます。ホンダ・ノットに似ていますが、輪が締まります。（図2-61）

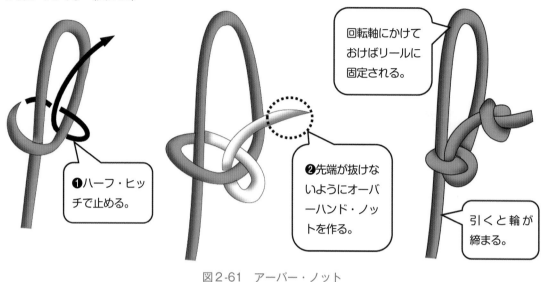

図2-61　アーバー・ノット

（15）スキャホールド・ノット（Scaffold Knot）

　ロープの端に輪を作るものですが、輪の大きさを自由に調節できます。ルアーとラインを結ぶときにも使われます。（図2-62）

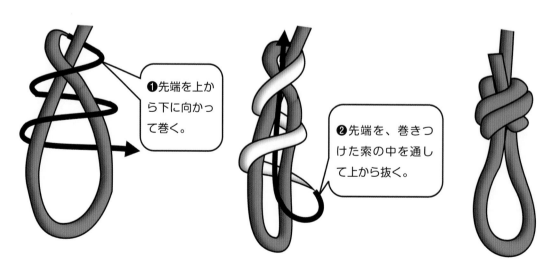

図2-62　スキャホールド・ノット

（16）ダブル・オーバーハンド・ヌース（Double Overhand Noose）

ルアーフィッシングで、ルアーのライン・アイにラインをしっかりと結ぶときに使われます。（図2-63）

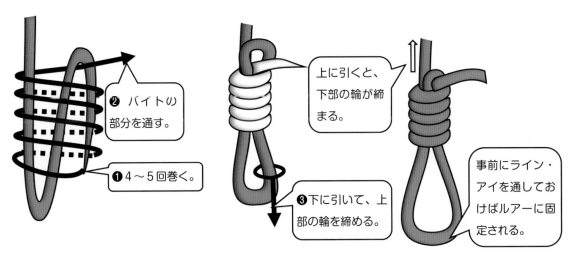

❶ 4～5回巻く。

❷ バイトの部分を通す。

上に引くと、下部の輪が締まる。

❸ 下に引いて、上部の輪を締める。

事前にライン・アイを通しておけばルアーに固定される。

図2-63　ダブル・オーバーハンド・ヌース

（17）ラインマンズ・ループ・ノット（Lineman's Loop Knot：中間者結び）

ロープの中ほどに固定した輪をつくるもので**中間者結び**とも言います。3人以上で登山するとき中間の人が自分の体に結びつけることがあります。輪に大きな負荷がかかってもほどけにくいため信頼性が高く、また、水に濡れてもたやすく解くことができます。ボーライン・ノットが「結びの王様（King of knots）」と言われるのに対して、「**結びの女王**（Queen of knots）」と表現されることもあります。ロープの中間に足が入る程度の輪を多数作り、縄梯子にすることもできます。（図2-64）

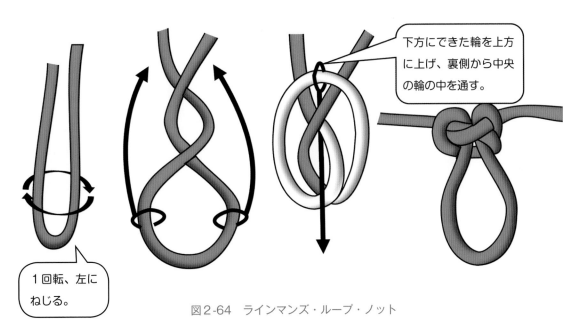

下方にできた輪を上方に上げ、裏側から中央の輪の中を通す。

1回転、左にねじる。

図2-64　ラインマンズ・ループ・ノット

（18）ハーネス・ループ・ノット (Harness Loop Knot : よろい結び)

　ロープの中間に簡単に輪を作ることができます。多数作ればキャンプのときなどに、干し物やランタンなどを吊り下げるのに適しています。（図2-65）

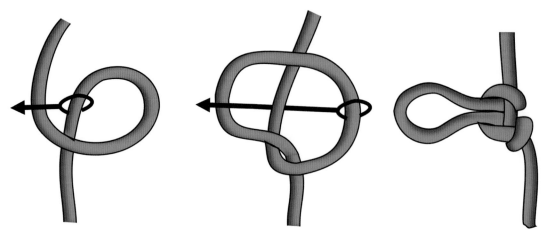

図2-65　ハーネス・ループ・ノット

（19）マン・ハーネス・ノット (Man Harness Knot)

　ロープの中間に輪を作る結びで、用途はラインマンズ・ループ・ノットと同じです。（図2-66）

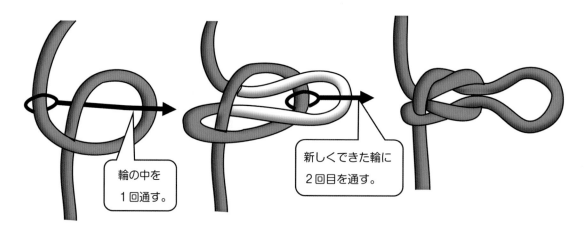

輪の中を
1回通す。

新しくできた輪に
2回目を通す。

図2-66　マン・ハーネス・ノット

（20）フレンチ・ボーライン（French Bowline：腰かけ結び）

腰かけ結びとも言います。結び目を胸の前に置き、小さい輪に頭と腕を入れて輪を脇の下に通し、大きい輪に足を入れて腰をかけることで、ぶら下がって短時間の高所作業をするときなどに使用されます。また、負傷者を吊り降ろすときにも利用できます。結んだ後でも2つの輪の大きさを調節できるのが特徴です。（図2-67）

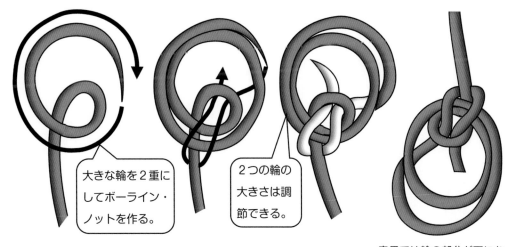

大きな輪を2重にしてボーライン・ノットを作る。

2つの輪の大きさは調節できる。

実用では輪の部分が下になる。大きな輪に腰かける。

図2-67　フレンチ・ボーライン

（21）ボーライン・オン・ザ・バイト（Bowline on the Bite：腰かけ結び）

腰かけ結びで、用途はフレンチ・ボーラインと同じです。（図2-68）

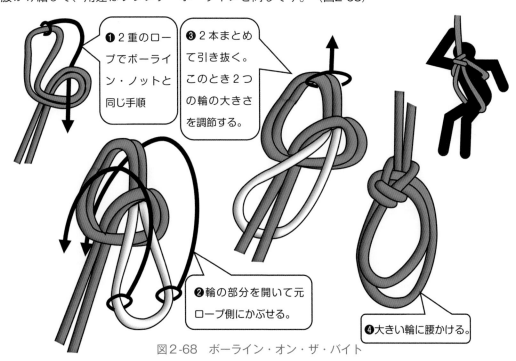

❶2重のロープでボーライン・ノットと同じ手順

❸2本まとめて引き抜く。このとき2つの輪の大きさを調節する。

❷輪の部分を開いて元ロープ側にかぶせる。

❹大きい輪に腰かける。

図2-68　ボーライン・オン・ザ・バイト

(22) ダブル・ボーライン (Double Bowline：二重もやい結び)

　1本のロープを2つに折り二重にしてボーライン・ノットを作った結びで、2つの輪ができます。災害時のレスキューや高所作業などに用いられますが、輪の大きさは調整できません。（図2-69）

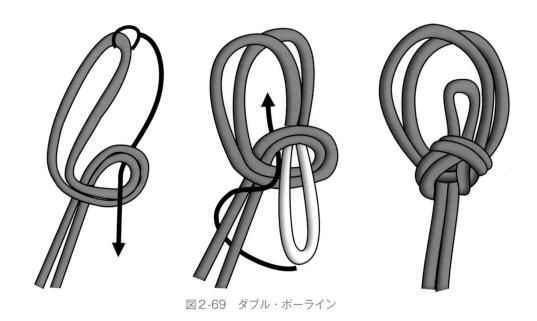

図2-69　ダブル・ボーライン

(23) スパニッシュ・ボーライン (Spanish Bowline)

　長い棒状の物やはしごなどを、水平の状態を保ったまま吊るときなどに使われます。また、ケガ人などを吊り上げたり降ろしたりするときは、輪の中に足を入れ、元ロープの1本を腋の下に通してハーフ・ヒッチをかけて、さらに体を固定するように吊りロープに止めて行います。（図2-70）

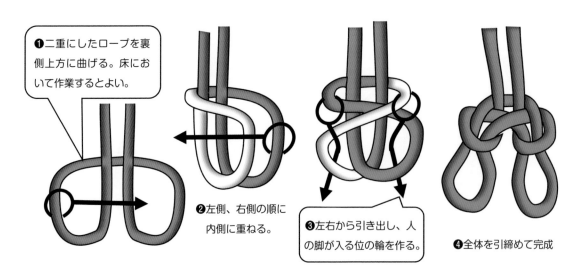

❶二重にしたロープを裏側上方に曲げる。床において作業するとよい。

❷左側、右側の順に内側に重ねる。

❸左右から引き出し、人の脚が入る位の輪を作る。

❹全体を引締めて完成

図2-70　スパニッシュ・ボーライン

3 ストランド（子縄）を利用した結び

作業する前に、下記のような準備があります。

① 各**ストランド（子縄）**を解く前に、ストランド自体の撚りが解けないように、先端を細索でホイッピング（78ページ参照）するか、ビニールテープで端止めします。

② ストランドの長さは、シングルでストランド10山程度、ダブルでは20山程度とし、細索でホイッピングします。初心者は、長めにして練習するといいでしょう。

③ ストランドの撚りがくずれないようにホイッピングの部分まで解き、ロープを上向きにします。

④ ストランドを3方に分け、作業をする順番に番号を付けます。手前側を①番とし、半時計回り（左回り）に②番、③番とします。

（1）クラウン・ノット (Crown Knot)

ストランドを利用したノットの基礎となるもので、この結びが単独で使用されることは少ないです。

(図2-71)

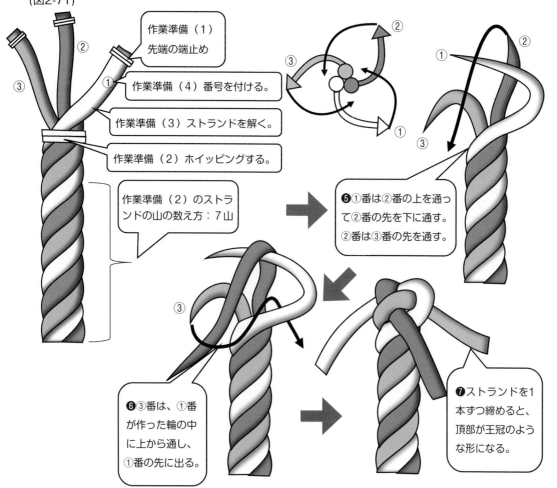

図2-71　作業準備とクラウン・ノット

（2）ダブル・クラウン・ノット (Double Crown Knot)

最初にクラウン・ノットを作り、ストランドを締める前に、さらにもう一回、①、②、③の順に左回りにストランドを通していきます。各ストランドは、形を整えながら根元から3〜4回かけて締めつけ、余った部分は切り捨てます。（図2-72）

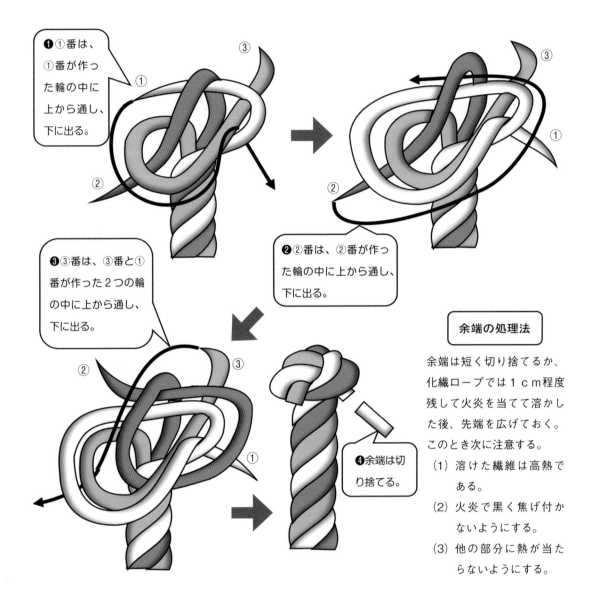

❶①番は、①番が作った輪の中に上から通し、下に出る。

❷②番は、②番が作った輪の中に上から通し、下に出る。

❸③番は、③番と①番が作った2つの輪の中に上から通し、下に出る。

❹余端は切り捨てる。

余端の処理法

余端は短く切り捨てるか、化繊ロープでは1ｃm程度残して火炎を当てて溶かした後、先端を広げておく。このとき次に注意する。

（1）溶けた繊維は高熱である。

（2）火炎で黒く焦げ付かないようにする。

（3）他の部分に熱が当たらないようにする。

図2-72　ダブル・クラウン・ノット

（3）ウォール・ノット（Wall Knot）

クラウン・ノットと同様にノットの基礎となるものですが、単独で使用されることは少ないです。
（図2-73）

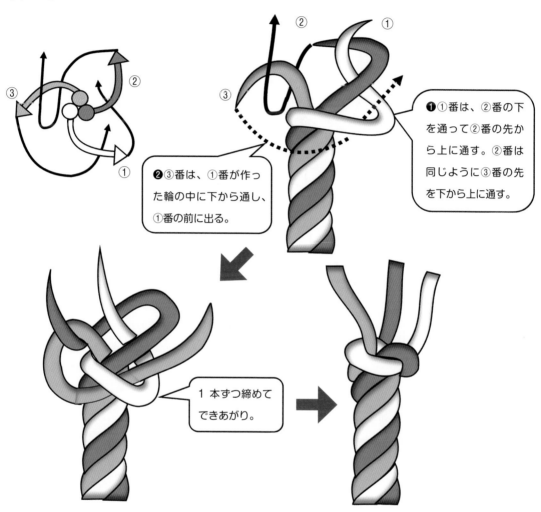

❶①番は、②番の下を通って②番の先から上に通す。②番は同じように③番の先を下から上に通す。

❷③番は、①番が作った輪の中に下から通し、①番の前に出る。

1本ずつ締めてできあがり。

図2-73　ウォール・ノット

（4）ラニヤード・ノット（Lanyard Knot）

　まずウォール・ノットを作り、ストランドを締める前に、さらにもう一回、①、②、③の順に左回りにストランドを通していきます。1回目に通したストランド3本を締めてから、形を整えながら2回目を締めます。（図2-74）

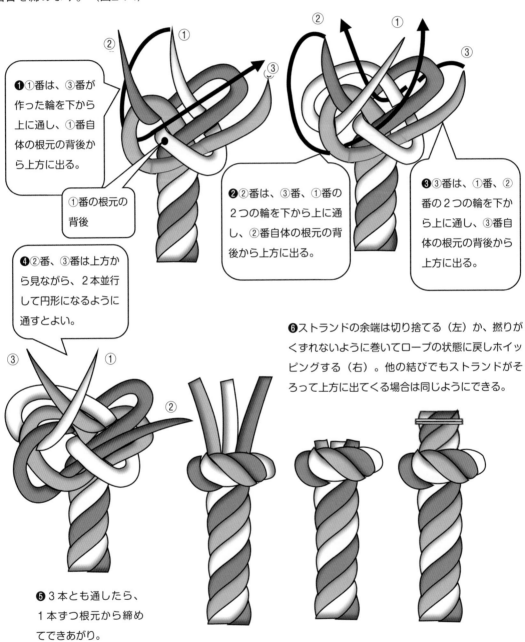

❶①番は、③番が作った輪を下から上に通し、①番自体の根元の背後から上方に出る。

①番の根元の背後

❷②番は、③番、①番の2つの輪を下から上に通し、②番自体の根元の背後から上方に出る。

❸③番は、①番、②番の2つの輪を下から上に通し、③番自体の根元の背後から上方に出る。

❹②番、③番は上方から見ながら、2本並行して円形になるように通すとよい。

❻ストランドの余端は切り捨てる（左）か、撚りがくずれないように巻いてロープの状態に戻しホイッピングする（右）。他の結びでもストランドがそろって上方に出てくる場合は同じようにできる。

❺3本とも通したら、1本ずつ根元から締めてできあがり。

図2-74　ラニヤード・ノット

（5）シングル・マッシュウォーカー・ノット (Single Matthew Walker Knot)

水汲みバケツの取手など、穴に通したロープが抜けないようにこぶを作る結びです。（図2-75）

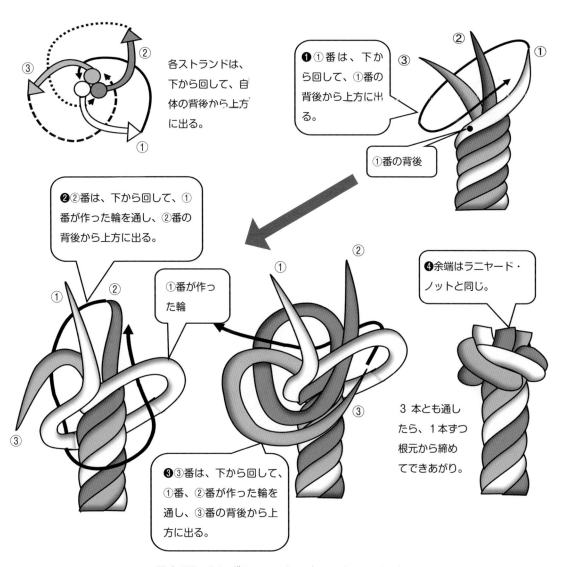

各ストランドは、下から回して、自体の背後から上方に出る。

❶①番は、下から回して、①番の背後から上方に出る。

①番の背後

❷②番は、下から回して、①番が作った輪を通し、②番の背後から上方に出る。

①番が作った輪

❸③番は、下から回して、①番、②番が作った輪を通し、③番の背後から上方に出る。

❹余端はラニヤード・ノットと同じ。

3 本とも通したら、1本ずつ根元から締めてできあがり。

図2-75　シングル・マッシュウォーカー・ノット

（6）ダブル・マッシュウォーカー・ノット (Double Matthew Walker Knot)

用途はシングルと同じですが、こぶが大きくなります。（図2-76）

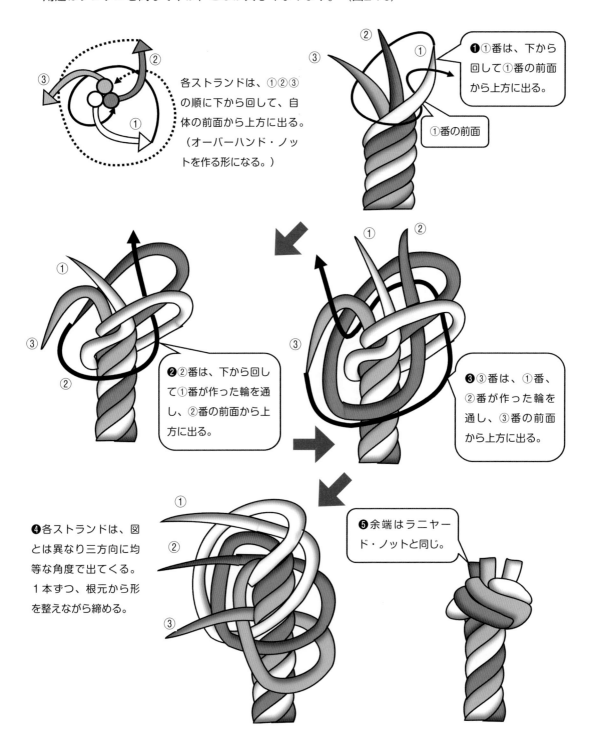

各ストランドは、①②③の順に下から回して、自体の前面から上方に出る。（オーバーハンド・ノットを作る形になる。）

❶①番は、下から回して①番の前面から上方に出る。

①番の前面

❷②番は、下から回して①番が作った輪を通し、②番の前面から上方に出る。

❸③番は、①番、②番が作った輪を通し、③番の前面から上方に出る。

❹各ストランドは、図とは異なり三方向に均等な角度で出てくる。1本ずつ、根元から形を整えながら締める。

❺余端はラニヤード・ノットと同じ。

図2-76　ダブル・マッシュウォーカー・ノット

（7）マンロープ・ノット (Manrope Knot)

ロープで作った手摺りの端止めや鐘を鳴らすロープの握り綱などに用いられます。また、他の結びにも広く応用されます。（図2-77）

第1工程 ウォール・ノット（49ページ参照）を作ります。（❶）

第2工程 ウォール・ノットの上にクラウン・ノット（47ページ参照）を作ります。（❷）

第3工程 二重化にします。（❸、❹ ※わかりやすくするために、あえて着色を省いています。）

第4工程 余端の処理をします。（❺、❻）

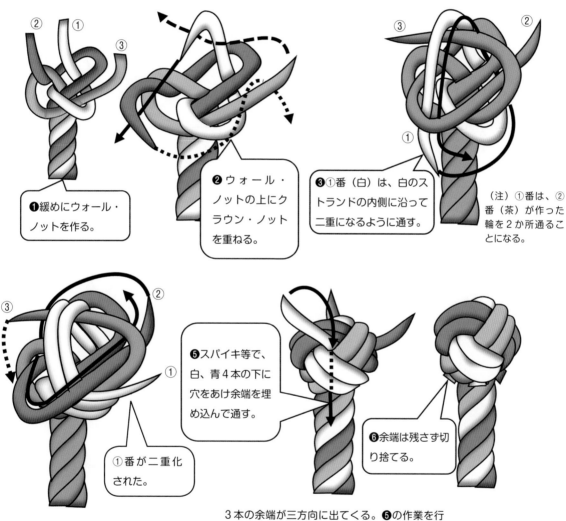

❶緩めにウォール・ノットを作る。

❷ウォール・ノットの上にクラウン・ノットを重ねる。

❸①番（白）は、白のストランドの内側に沿って二重になるように通す。

（注）①番は、②番（茶）が作った輪を2か所通ることになる。

①番が二重化された。

❹②番(茶)、③番（青）もそれぞれのストランドに内側に沿って二重化する。③番は、白2本を2回くぐる。

❺スパイキ等で、白、青4本の下に穴をあけ余端を埋め込んで通す。

❻余端は残さず切り捨てる。

3本の余端が三方向に出てくる。❺の作業を行わず、ここで余端を切り捨て終了してもよい。

図2-77 マンロープ・ノット

（8）ダイヤモンド・ノット（シングル：ダブル）(Diamond Knot. Single & Double)

　ロープの中間や端の飾り結びです。ストランドを図のように折り曲げて仮止めしておくと作りやすいでしょう。1本のロープに複数作る場合は、ストランドを十分に長くします。　（図2-78、2-79）

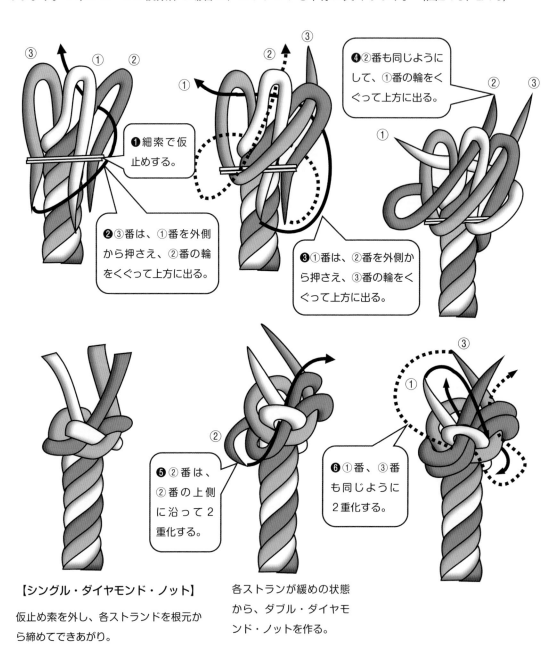

❶細索で仮止めする。

❷③番は、①番を外側から押さえ、②番の輪をくぐって上方に出る。

❸①番は、②番を外側から押さえ、③番の輪をくぐって上方に出る。

❹②番も同じようにして、①番の輪をくぐって上方に出る。

❺②番は、②番の上側に沿って2重化する。

❻①番、③番も同じように2重化する。

【シングル・ダイヤモンド・ノット】

仮止め索を外し、各ストランドを根元から締めてできあがり。

各ストランが緩めの状態から、ダブル・ダイヤモンド・ノットを作る。

図2-78　ダイヤモンド・ノット

ストランドの余端は切り捨てる（左）か、撚りがくずれないように巻いてロープの状態に戻しホイッピングする（中央）。

また、ストランドを十分に長くすると、ロープの中間にいくつもの結びを作ることができる（右）。

【ダブル・ダイヤモンド・ノット】
各ストランドを締めてできあがり。

図2-79　ダイヤモンド・ノット

（9）連続して結びを作る方法

余端を長くして連続して結びを作ることができます。(図2-80)

❶各ストランドに右回りの力を加えながら、❷3本を左回りにねじるとロープの状態に戻る。

❸ホイッピングする。

❹他の結びを作ることもできる。さらに3個目の結びを作ることもできる。

図2-80　連続して結びを作る方法

（10）ロング・ダイヤモンド・ノット (Long Diamond Knot)

ロープの端の飾り結びです。（図2-81）

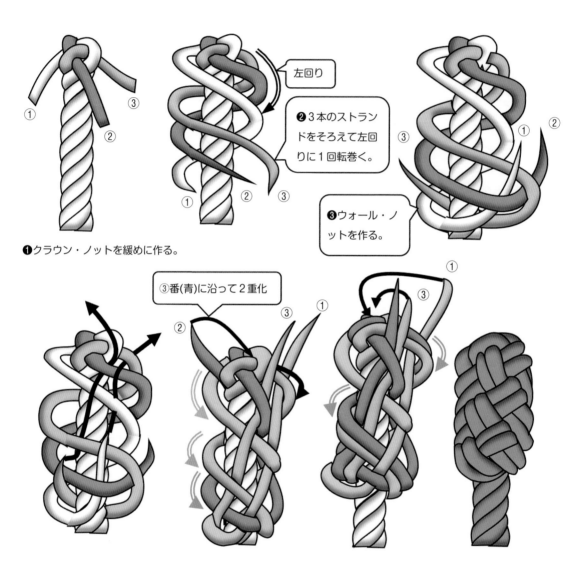

①
②
③

❶クラウン・ノットを緩めに作る。

左回り

❷3本のストランドをそろえて左回りに1回転巻く。

❸ウォール・ノットを作る。

③番(青)に沿って2重化

❹各ストランドは、更に上方に向かって、左回りに上下に交差させながら編み上げていき、クラウン・ノットの根元から出る。

❺クラウン・ノットの根元から2重にする。②番（茶）は③番（青）に沿って、③番（青）は①番（白→灰）に、①番（白→灰）は②番（茶）に沿って下部まで編んでから上方まで戻る。

❻3本とも2重化したら、形を整えてから、各ストランドを少しずつ締める。最後に余端を切り落しできあがり。

図2-81　ロング・ダイヤモンド・ノット

（11）ダブル・ウォール・ノット (Double Wall Knot)

　ウォール・ノットを作り、ストランドを締める前に、さらにもう一回、左回りにストランドを通していきます。形を整えながら根元から徐々に締めます。（図2-82）

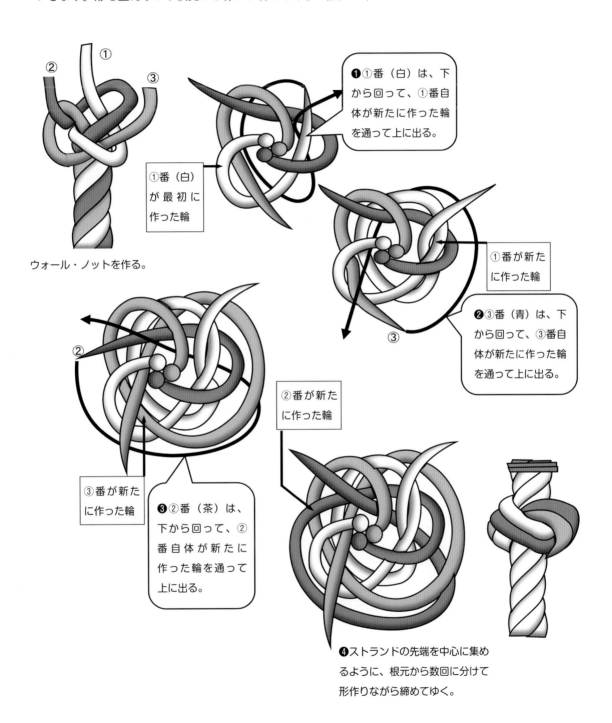

ウォール・ノットを作る。

❶①番（白）は、下から回って、①番自体が新たに作った輪を通って上に出る。

①番（白）が最初に作った輪

①番が新たに作った輪

❷③番（青）は、下から回って、③番自体が新たに作った輪を通って上に出る。

②番が新たに作った輪

③番が新たに作った輪

❸②番（茶）は、下から回って、②番自体が新たに作った輪を通って上に出る。

❹ストランドの先端を中心に集めるように、根元から数回に分けて形作りながら締めてゆく。

図2-82　ダブル・ウォール・ノット

2-3　ベンド（縛着：つなぎ結び）

　ロープとロープをつなぎ合わせる結びを総称して**ベンド（縛着）**と言います。しかし、結び方によっては**ノット（結節）**と称されるものも少なくありません。

（1）シングル・シート・ベンド (Single Sheet Bend : 一重つなぎ)

　中程度以下の太さのロープの端と端をつなぐ代表的な結びの一つで、異種のロープや一端が輪になっているロープでも簡単に結ぶことができるので利用範囲は広くあります。また、強く引き締めたあとでも、容易に解くことができます。（図2-83）

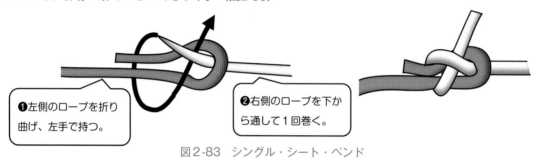

❶左側のロープを折り曲げ、左手で持つ。

❷右側のロープを下から通して1回巻く。

図2-83　シングル・シート・ベンド

（2）ダブル・シート・ベンド (Double Sheet Bend : 二重つなぎ)

　シングルでは滑って解けるおそれがあるようなロープでは、安全を期すため二重にします。太さの異なるロープをつなぐときも二重にするといいでしょう。（図2-84）

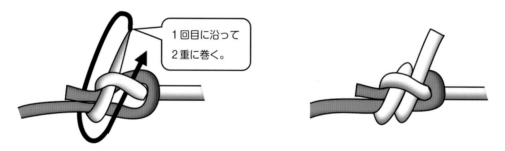

1回目に沿って2重に巻く。

図2-84　ダブル・シート・ベンド

（3）トリプル・シート・ベンド (Triple Sheet Bend : 三重つなぎ)

　ダブル・シート・ベンドにさらにもう一回巻いて、より安全にした結びです。（図2-85）

図2-85　トリプル・シート・ベンド

（4）スリップド・シート・ベンド (Slipped Sheet Bend：引き解き一重つなぎ)

シングル・シート・ベンドにスリップを入れて、**引き解き結び**にした結びです。（図2-86）

図2-86　スリップド・シート・ベンド

（5）シングル・シート・ベンド（別法）(Single Sheet Bend 2)

布などからわずか（1cm程度でも可）しか残って出ていない短糸に、継ぎ結びする方法です。
（図2-87）

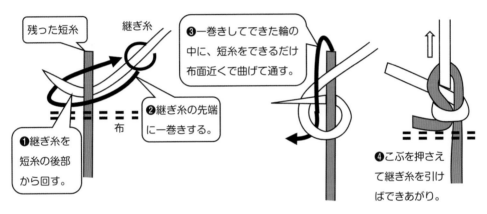

図2-87　シングル・シート・ベンド（別法）

（6）リーフ・ノット (Reef Knot：本結び)

本結びと言われる基本的な継ぎ結びで、日常生活の中でも最も利用度が高いです。リーフ・ベンドとも言われます。（図2-88）

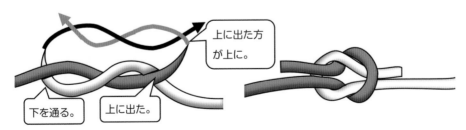

図2-88　リーフ・ノット

（7）ハーフ・バウ・ノット
（Half Bow Knot：片解き本結び）

リーフ・ノットの片方を**引き解き結び**としたもので、強風時にヨットの帆の面積を減らすためのリーフ・ポイントなどに使用されます。（図2-89）

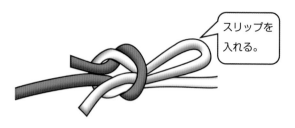

スリップを入れる。

図2-89　ハーフ・バウ・ノット

（8）バウ・ノット（Bow Knot：蝶々結び）

リーフ・ノットの両端を引き解き結びにしたものです。**蝶々結び**とも言われ、えり紐や靴紐など日常よく使用されています。（図2-90）

図2-90　バウ・ノット

（9）スィーフ・ノット（Thief Knot：泥棒結び）

リーフ・ノットと同じ形ですが、それぞれのロープの先端が反対側に出たもので**泥棒結び**と言われます。スィーフ・ノットで締めた袋などを泥棒が開けた場合、普通の本結びで締める確率が高く、不正を発見できるということから名づけられたと言われています。（図2-91）

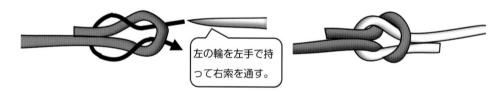

左の輪を左手で持って右索を通す。

図2-91　スィーフ・ノット

（10）ラバース・ノット（Lubber's Knot：継結び）

本結びの間違い版として作られることもありますが、2回目の結びが縦方向になるため**縦結び**とも呼ばれます。比較的解きやすいという利点もあります。（図2-92）

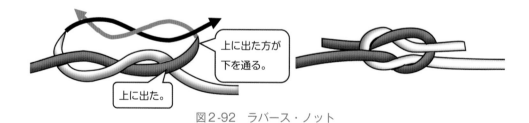

上に出た方が下を通る。

上に出た。

図2-92　ラバース・ノット

（11）　リーフ・ベンド (Reef Bend)

　片方のロープの端に固定された輪がある場合は、もう一方のロープを下図のように通して結びます。リーフ・ノットという場合もあります。（図2-93）

図2−93　リーフ・ベンド

（12）　サージャンズ・ノット (Surgeon's Knot : 外科結び)

　リーフ・ノットの最初の巻き付けを1回多くしたもので、摩擦力が高まるので強度も高くなります。外科医が手術の縫合に用いたことが名前の由来です。（図2-94）

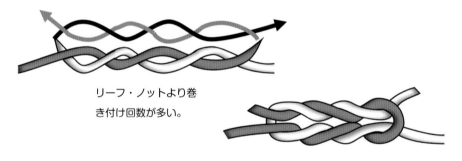

リーフ・ノットより巻
き付け回数が多い。

図2-94　サージャンズ・ノット

（13）　ベケット・ベンド (Becket Bend)

　一方のロープの端が輪や**ベケット**（**索輪**、**取手索**）になっているものの結びです。（図2-95）

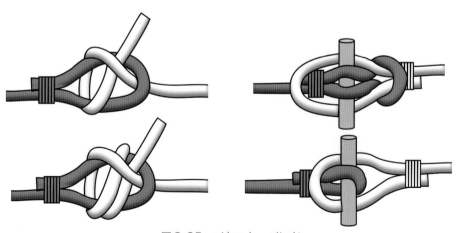

図2-95　ベケット・ベンド

（14） シングル・キャリック・ベンド (Single Carrick Bend)

ホーサー（船を岸壁に留めるときに使う太いロープ）などの大索をつなぐときの最適な方法です。通常、索端を**シージング**（細索で縛りつけること。127ページ「コラム10」参照）して使用します。

（図2-96、2-97）

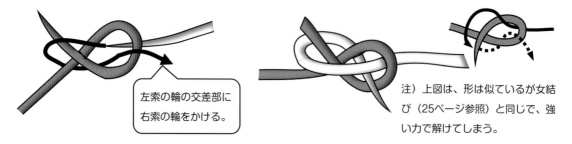

左索の輪の交差部に右索の輪をかける。

注）上図は、形は似ているが女結び（25ページ参照）と同じで、強い力で解けてしまう。

図2-96 シングル・キャリック・ベンド

シージング

図2-97 シングル・キャリック・ベンドのシージング

（15） ダブル・キャリック・ベンド (Double Carrick Bend)

使用目的はシングルと同じですが、装飾的な結びとして使用されることも多いです。 （図2-98）

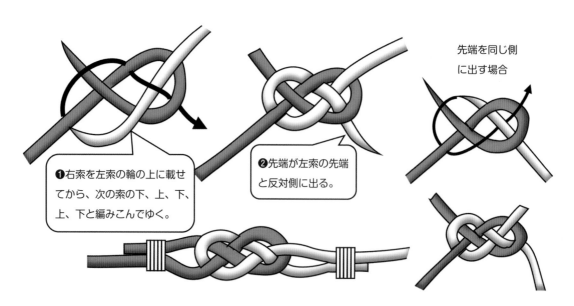

先端を同じ側に出す場合

❶右索を左索の輪の上に載せてから、次の索の下、上、下、上、下と編みこんでゆく。

❷先端が左索の先端と反対側に出る。

図2-98 ダブル・キャリック・ベンド

（16）オーバーハンド・ベンド (Over Hand Bend)

　細くて短いロープをオーバーハンド・ノット（29ページ参照）でつなぐ方法で簡単に結べます。

　ロープが太いときや長いときは、一方で作ったオーバーハンド・ノットに、もう一方のロープを沿わせて作ることができます。**リング・ノット(Ring Knot)**とも呼ばれます。（図2-99）

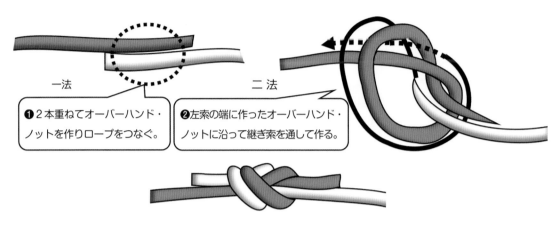

一法
❶2本重ねてオーバーハンド・ノットを作りロープをつなぐ。

二法
❷左索の端に作ったオーバーハンド・ノットに沿って継ぎ索を通して作る。

図2-99　オーバーハンド・ベンド（リング・ノット）

（17）オープン・ハンド・ノット (Open Hand Knot)

　2本まとめてオーバーハンド・ノットにするもので、撚り糸や細い紐などをつなぐのに適しています。（図2-100）

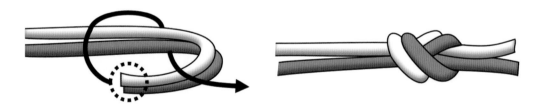

図2-100　オープン・ハンド・ノット

（18）フィッシャーマンズ・ノット (Fisherman's Knot : テグス結び)

　2本のロープの端と端をそれぞれオーバーハンド・ノットで結び合わせる方法です。釣り糸（テグス）をつなぐときによく使われるので**テグス結び**とも言います。基本的には同じ太さのロープをつなぐときに用いられますが、太いロープには適しません。（図2-101）

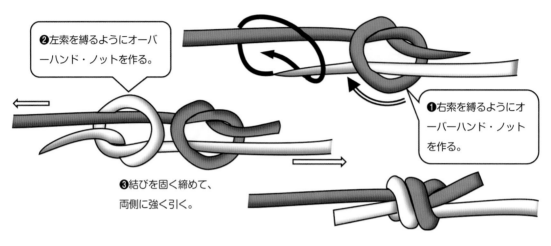

❷左索を縛るようにオーバーハンド・ノットを作る。

❶右索を縛るようにオーバーハンド・ノットを作る。

❸結びを固く締めて、両側に強く引く。

図2-101　フィッシャーマンズ・ノット

（19）ダブル・フィッシャーマンズ・ノット (Double Fisherman's Knot : しごき結び)

　フィッシャーマンズ・ノットより巻きつけが1回多い分強度が高くなりますので、ナイロン・ロープの結びに適しています。**しごき結び**とも呼ばれ、登山の世界では、2本のロープをつないで岩場などを下降するときに使われるほど、信頼性が高い結びです。（図2-102）

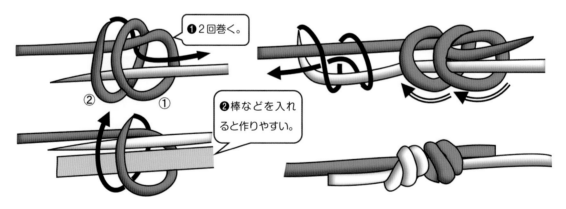

❶2回巻く。

❷棒などを入れると作りやすい。

図2-102　ダブル・フィッシャーマンズ・ノット

（20）ダブル・ハーネス・ノット（Double Harness Knot）

両方のロープが張ったままでつなぐことができる結びです。（図2-103）

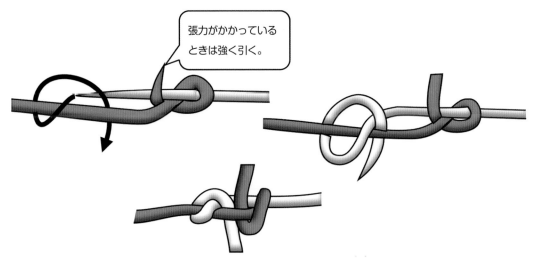

図2-103 ダブル・ハーネス・ノット

（21）ホーサー・ベンド（Hawser Bend）

ホーサーや太さの異なるロープをつなぐときに用いられます。（図2-104）

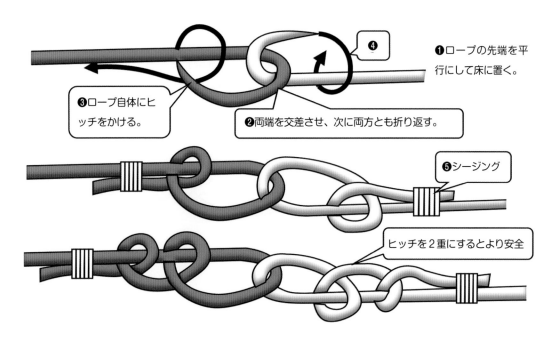

図2-104 ホーサー・ベンド

（22）リービング・ライン・ベンド (Reeving Line Bend)

ホーサー・ベンドと同じ目的で使用される結びです。（図2-105）

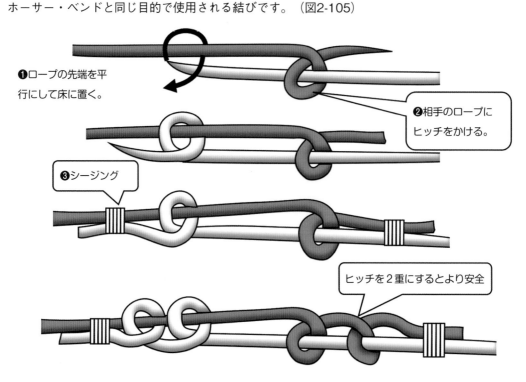

❶ロープの先端を平行にして床に置く。

❷相手のロープにヒッチをかける。

❸シージング

ヒッチを2重にするとより安全

図2-105 リービング・ライン・ベンド

（23）ツー・ボーライン（ボーライン・ベンド）(Two Bowlines, Bowline Bend : もやいつなぎ)

ロープの端をボーライン・ノット（35ページ参照）でつなぎ合わせたものです。端止めの必要もなく、どのようなロープ同士でも素早くつなぐことができます。また、解くのも簡単にできる結びです。（図2-106）

図2-106 ツー・ボーライン

（24）ツイン・ボーラインズ (Twin Bowlines)

２本のロープの端でボーライン・ノットと同じ形の結びを作った結びです。（図2-107）

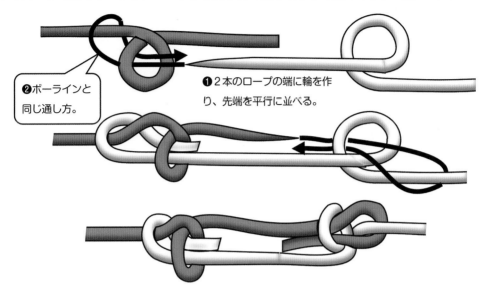

❷ボーラインと
同じ通し方。

❶２本のロープの端に輪を作
り、先端を平行に並べる。

図2-107　ツイン・ボーラインズ

（25）フィギュア・オブ・エイト・ベンド (Figure of Eight Bend :二重8の字つなぎ)

　２本のロープをエイト・ノットの二重結びでつないだもので、強く結べて解くのも簡単です。２本
重ねて結ぶ方法と、1本目の端を8の字に結び、継ぎロープを1本目の端から平行に通して結ぶ方法
があります。継ぎロープが長いときや太い場合、前者は不適です。（図2-108）

一法　２本同時にエイト・ノットを作る方法

❶２本の端をエイト・ノットが作
れる長さ分重ねて折り曲げる。

❷２本重ね
て半回転

❸半回転してで
きた輪に２本同
時に通す。

二法　一方の先端にエイト・
ノットを作る方法

継ぎ索を相手の
先端からこれに
沿って通す。

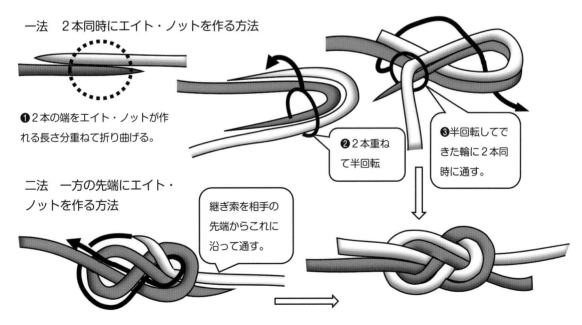

図2-108　フィギュア・オブ・エイト・ベンド

（26）ロープ・ヤーン・ノット（ Rope Yarn Knot ）

短くなったヤーンや2本ストランドのロープを、結び目を小さくつなぐ方法です。（図2-109）

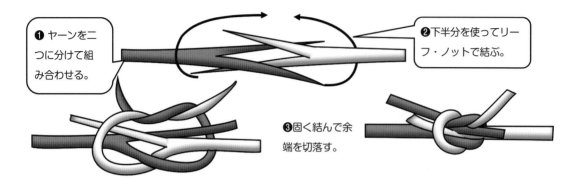

❶ヤーンを二つに分けて組み合わせる。

❷下半分を使ってリーフ・ノットで結ぶ。

❸固く結んで余端を切落す。

図2-109　ロープ・ヤーン・ノット

（27）ツェッペリン・ベンド（ Zeppelin Bend ）

簡単に結べて2本をしっかりとつなぐことができる優れた結びです。また、大きな力が加わった後でも簡単に解くことができます。（図2-110）

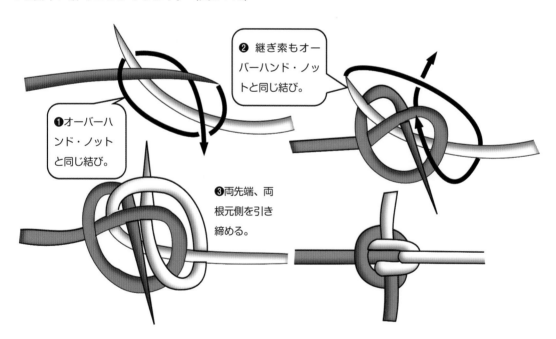

❷ 継ぎ索もオーバーハンド・ノットと同じ結び。

❶オーバーハンド・ノットと同じ結び。

❸両先端、両根元側を引き締める。

図2-110　ツェッペリン・ベンド

（28）アシュリーズ・ベンド（ Ashley's Bend ）

　ツェッペリン・ベンドと似ています。２つのオーバーハンド・ノットが連結しているので、硬くて滑りやすいロープでも安全に結べます。(図2-111)

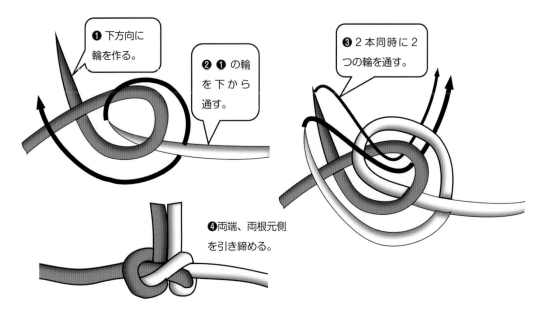

❶下方向に輪を作る。

❷❶の輪を下から通す。

❸２本同時に２つの輪を通す。

❹両端、両根元側を引き締める。

図2-111 アシュリーズ・ベンド

（29）ヒービング・ライン・ベンド(Heaving Line Bend)

　太さの異なるロープをつなぐときの結び方です。（図2-112）

交差して巻く。

図2-112　ヒービング・ライン・ベンド

（30）バレル・ノット（Barrel Knot）

釣り糸など、滑りやすいナイロンの細い糸の継ぎ合わせに適しています。ブラッド・ノットとも言います。

（図2-113）

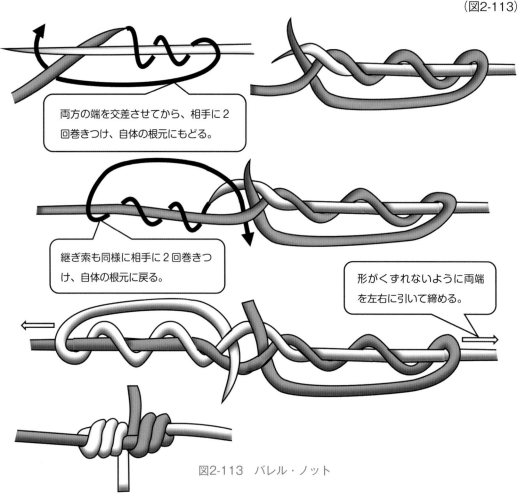

両方の端を交差させてから、相手に2回巻きつけ、自体の根元にもどる。

継ぎ索も同様に相手に2回巻きつけ、自体の根元に戻る。

形がくずれないように両端を左右に引いて締める。

図2-113　バレル・ノット

column
5

ロープの切断と先端の応急処理

　ロープの切断の方法は第1章（6ページ）で述べましたが、応急的な場合はビニール・テープで切断個所を4～5回巻き、その中間を切断します。ビニール・テープが無いときは、切断した後、先端にオーバーハンド・ノット（29ページ）やフィギュア・オブ・エイト・ノット（30ページ）を結んでおきますが、直ちに使用するときは、クラウン・ノット（47ページ）を入れバック・スプライス（89ページ）を1回入れておけば安全に使用できます。バック・スプライス1回は、スパイキがなくても入れることができます。

バック・スプライス

第3章 ロープの接合と端末の処理

3-1 縮め結びと端止め (ホイッピング) ◇◇◇◇◇◇◇◇◇◇◇◇◇◇◇◇◇

1 縮め結び

　長いロープを一時的に縮めたり、元に戻したりするときに使用されます。例えば、舟艇をえい航するときに港内では短く港外では長くする、路上で物を引くときに角地で短くする、出入口でロープをたるませたり張ったりを繰り返すときなどに便利です。

　また、ロープをまとめたりするなどの使い方もあります。

（1）シープ・シャンク (Sheep Shank)

1）シープシャンク①

　　シープ・シャンクの基本です。縮める部分を三つ折りにし、両側にハーフ・ヒッチをかけて作ります。何重にも折り曲げて作れば、ロープの保管に便利で、解くときも絡みません。（図3-1）

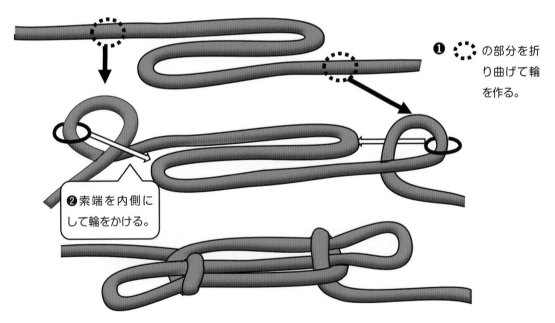

❶ ⬭ の部分を折り曲げて輪を作る。

❷索端を内側にして輪をかける。

図3-1　シープ・シャンク①

2）シープ・シャンク②

　輪を3個作って上に重ね、中央の輪を両側に引き出して作ります。（図3-2）

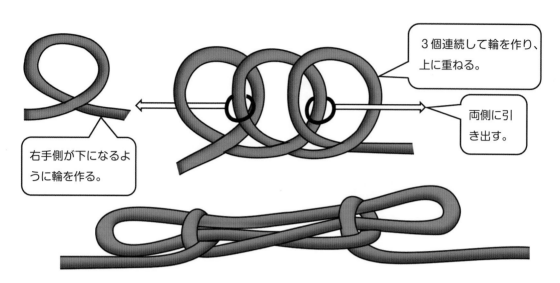

3個連続して輪を作り、上に重ねる。

両側に引き出す。

右手側が下になるように輪を作る。

図3-2　シープ・シャンク②

3）シープ・シャンク③

　前の②と同じ要領で輪を4個作って上に重ね、中央のロープを両側に引き出して作ります。（図3-3）

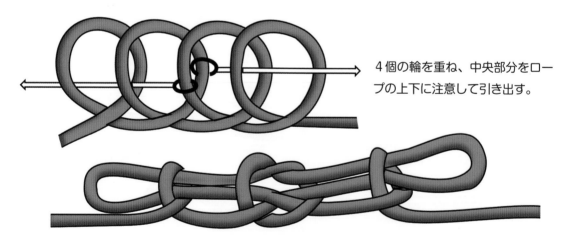

4個の輪を重ね、中央部分をロープの上下に注意して引き出す。

図3-3　シープ・シャンク③

4）シープ・シャンク④

　　ヒッチの部分を二重（ダブル・ヒッチ）にして、より安全にしたものです。極端に長いロープは、三つ折り部分を何重にも折り曲げて両端をダブル・ヒッチで止めます。（図3-4）

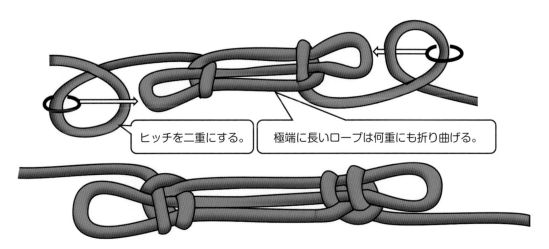

ヒッチを二重にする。

極端に長いロープは何重にも折り曲げる。

図3-4　シープ・シャンク④

5）シープ・シャンク⑤

　　この結び方は、安全性を高めるため、外側を細索で結び止めて使用することが多い結びです。（図3-5）

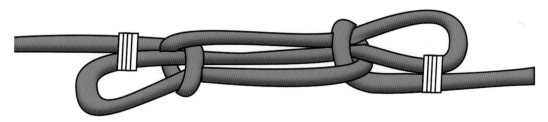

図3-5　シープ・シャンク⑤

6）シープ・シャンク⑥

　　細索で結び止めるかわりに木製トグルを使用すると、結びを素早く解くことができます。（図3-6）

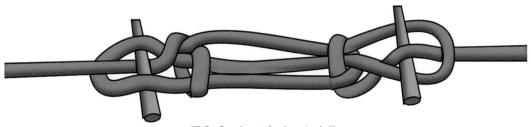

図3-6　シープ・シャンク⑥

（2）シングル・チェーン・ノット (Single Chain Knot)

　柔らかく長いロープを格納するときに用いられ、元の長さの1/3に短縮できます。使用するときにコイルにし直す必要もなく、このまま引き出しても絡むこともありません。ただし、太いロープには不適です。（図3-7）

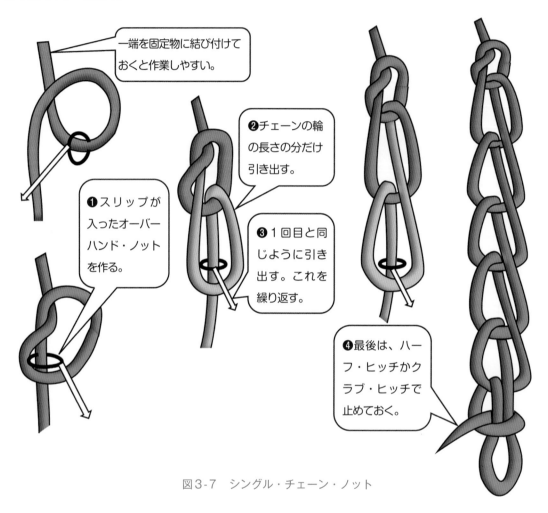

図3-7　シングル・チェーン・ノット

（3）ダブル・チェーン・ノット (Double Chain Knot)

使用目的はシングルと同じですが、長さを１／５に短縮できます。（図3-8）

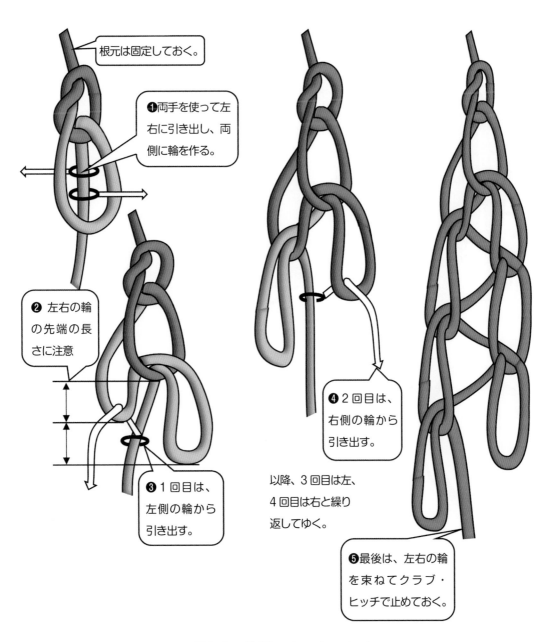

根元は固定しておく。

❶両手を使って左右に引き出し、両側に輪を作る。

❷ 左右の輪の先端の長さに注意

❸１回目は、左側の輪から引き出す。

❹２回目は、右側の輪から引き出す。

以降、３回目は左、４回目は右と繰り返してゆく。

❺最後は、左右の輪を束ねてクラブ・ヒッチで止めておく。

図3-8　ダブル・チェーン・ノット

（4）ロープのまとめ方

　細いロープはA図のようにしておくと使いやすくなります。折り曲げる回数は、ロープの長さや太さに応じ格納しやすい大きさになるようにします。B図は、細く長いロープに適しています。C図は、太く長いロープをまとめるときのものです。（図3-9 A～C）

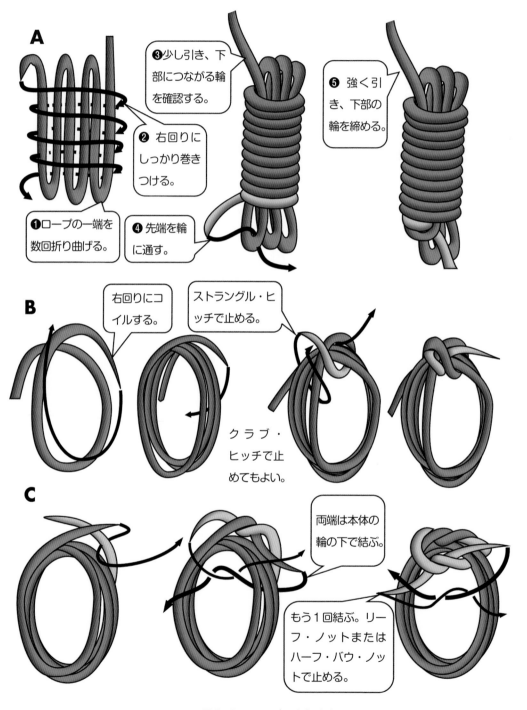

A

❸少し引き、下部につながる輪を確認する。

❷ 右回りにしっかり巻きつける。

❺ 強く引き、下部の輪を締める。

❶ロープの一端を数回折り曲げる。

❹ 先端を輪に通す。

B

右回りにコイルする。

ストラングル・ヒッチで止める。

クラブ・ヒッチで止めてもよい。

C

両端は本体の輪の下で結ぶ。

もう１回結ぶ。リーフ・ノットまたはハーフ・バウ・ノットで止める。

図3-9　ロープのまとめ方

column
6

長いロープのこんなまとめ方 "えび結び"

　長いロープのまとめ方の一つで、長期間保管したあとでも、先端を引くと絡まずにすぐに使えます。輪の部分がほとんど見えなくなるようにすると、エビの形に見えることからこの名があります。

　細いロープや紐で作れば、ベルトに止めて携帯用に便利です。

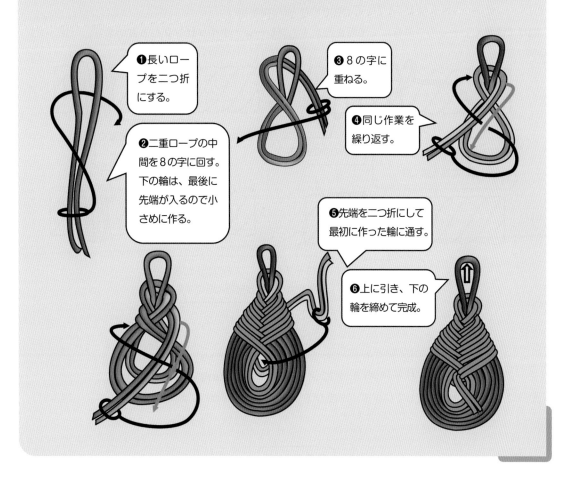

❶長いロープを二つ折にする。

❷二重ロープの中間を8の字に回す。下の輪は、最後に先端が入るので小さめに作る。

❸8の字に重ねる。

❹同じ作業を繰り返す。

❺先端を二つ折にして最初に作った輪に通す。

❻上に引き、下の輪を締めて完成。

2 端止め（ホイッピング）

　切断したロープの端が解けてバラバラにならないように端止めすることを**ホイッピング**と言います。一般にヤーンやトゥワイン（セールを縫う専用の糸）を使用しますが、太いロープでは細いロープ、細いロープでは糸を使用します。一時的に使用する場合はビニール・テープでもよいでしょう。ロープの切断前に行います。

（1）コモン・ホイッピング（Common Whipping）

　簡単で素早くできるので最もよく使用されます。**プレーン・ホイッピング**とも言います。（図3-10）

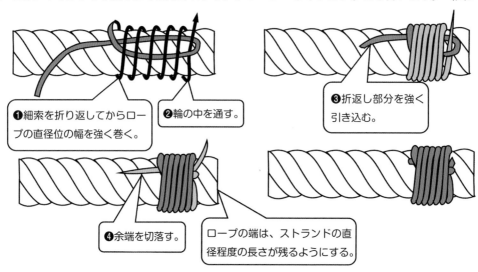

❶細索を折り返してからロープの直径位の幅を強く巻く。

❷輪の中を通す。

❸折返し部分を強く引き込む。

❹余端を切落す。

ロープの端は、ストランドの直径程度の長さが残るようにする。

図3-10　コモン・ホイッピング

（2）ウエストカントリー・ホイッピング（West Country Whipping）

　太いロープの端止めに適しています。一結びを1回1回引き締め、これを繰り返します。（図3-11）

❶一結びを引き締める。

❷裏側でも同じようにする。

❸一結び

細索は1本を色分けしている。

❹リーフ・ノットで止める。

図3-11　ウエストカントリー・ホイッピング

（3）セーラーズ・ホイッピング（Sailor's Whipping）

細索の無駄が少ないホイッピングでよく使用されます。輪を作って３回かけるのがやや難しい。
（図3-12）

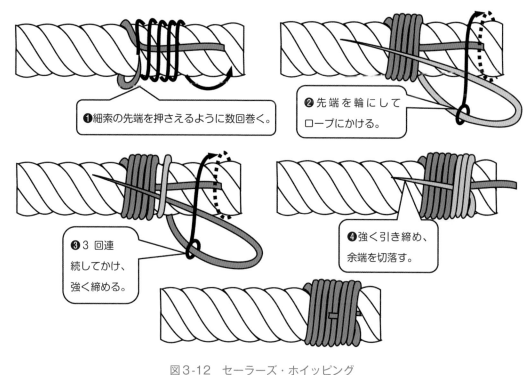

❶細索の先端を押さえるように数回巻く。

❷先端を輪にしてロープにかける。

❸３回連続してかけ、強く締める。

❹強く引き締め、余端を切落す。

図3-12　セーラーズ・ホイッピング

（4）アメリカン・ホイッピング（American Whipping）

セーラーズ・ホイッピングと同じように巻きますが、両方の細索の先端を中央から出して結び止める方法です。（図3-13）

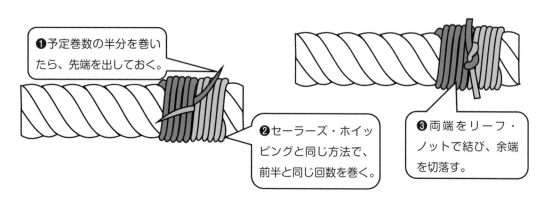

❶予定巻数の半分を巻いたら、先端を出しておく。

❷セーラーズ・ホイッピングと同じ方法で、前半と同じ回数を巻く。

❸両端をリーフ・ノットで結び、余端を切落す。

図3-13　アメリカン・ホイッピング

（5）ニードル・ホイッピング(Needle Whipping)

ニードル（セールを縫う専用の針）を使ってトゥワインで端止めする方法です。何度も使用する中程度の太さのロープのホイッピングでは、主にこの方法が用いられています。

なお、ニードルでホイッピングをするときは、**セール・パーム**という専用の指貫き（図3-14）を使用しないとニードルを刺すことができません。パームの金属部にニードルの頭を直角に当てて押し込むように刺します。ニードルは、ストランドとストランドの間を直線的に刺すようにします。（図3-15）

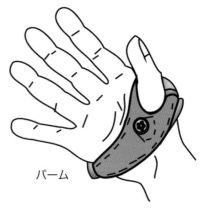

パーム

図3-14　セール・パーム

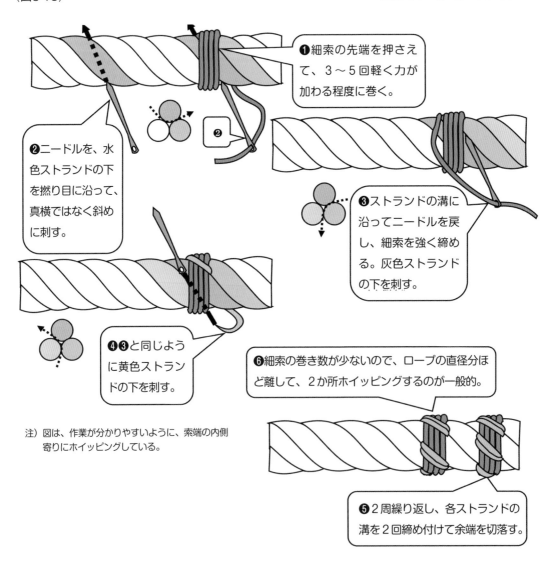

❶細索の先端を押さえて、3〜5回軽く力が加わる程度に巻く。

❷ニードルを、水色ストランドの下を撚り目に沿って、真横ではなく斜めに刺す。

❸ストランドの溝に沿ってニードルを戻し、細索を強く締める。灰色ストランドの下を刺す。

❹❸と同じように黄色ストランドの下を刺す。

❻細索の巻き数が少ないので、ロープの直径分ほど離して、2か所ホイッピングするのが一般的。

注）図は、作業が分かりやすいように、索端の内側寄りにホイッピングしている。

❺2周繰り返し、各ストランドの溝を2回締め付けて余端を切落す。

図3-15　ニードル・ホイッピング

（6）グランメット（眼索）

眼索とも言われ、三つ撚りロープのストランド1本で三つ撚りロープの輪を作る方法です。滑車の帯索（ストラップ）等に用いられましたが今日ではほとんど見られず、輪投げの輪や装飾用に作成されます。（図3-16）

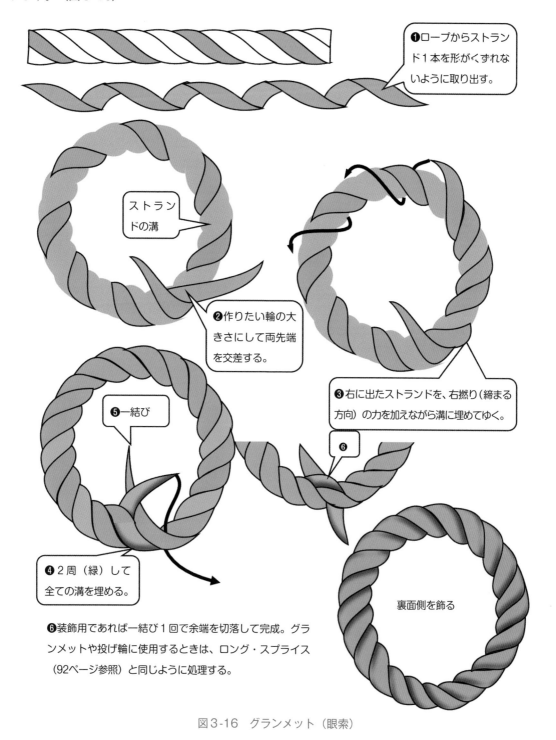

❶ロープからストランド1本を形がくずれないように取り出す。

ストランドの溝

❷作りたい輪の大きさにして両先端を交差する。

❸右に出たストランドを、右撚り（締まる方向）の力を加えながら溝に埋めてゆく。

❻

❺一結び

❹2周（緑）して全ての溝を埋める。

裏面側を飾る

❻装飾用であれば一結び1回で余端を切落して完成。グランメットや投げ輪に使用するときは、ロング・スプライス（92ページ参照）と同じように処理する。

図3-16　グランメット（眼索）

3-2 スプライス(接着)と
シュラウド・ノット(波断面等をつなぐ)

1 スプライス(接着:撚り目を解いてつなぐ)

スプライス(接着)とは、ロープの撚り目を解いてできるストランドを利用して、ロープの先端に輪を作ったりロープとロープをつないだりする方法です。

(1) 準備

① 山の数え方と解く数

ストランドの山は図3-17のように数えます。解く数は、(2)(3)の各スプライスでは、挿入回数が3回の場合8〜10山、余端処理も含めて7回の場合は15〜18山程度になります。

② ホイッピングと細索による仮止め

ストランドの先端は解けないようにヤーン等の細索かビニール・テープで端止めをしておきます。また、解いたストランドの根元も細索で仮止めしておくと作業がしやすいでしょう。

③ 編む方向

細いロープでは輪を手前に置いて前方向に編みます。太いロープでは輪を左に置き、左足で踏んで右方向に編むとよいでしょう。このとき、ロープの下に敷板を置くと作業がしやすくなります。

また、解いたストランドには進行方向の中央を①番、左側を②番、右側を③番と番号を付けます。

④ スパイキの使い方

スパイキ(83ページ「コラム7」参照)は図3-17のように、ストランドを編んでゆく方向の左側を上から下に直角に差します。ストランドが入る程度まで差したら、スパイキをひねって穴が閉じないように左手指で確保し、ストランドを通します。スパイキを斜めや横方向に差すと、先端が外れたとき顔に当たるなど非常に危険となります。

⑤ 挿入回数と最後処理

マニラ・ロープやクレモナ(ビニロン)・ロープ等は3回、ハイゼックスやナイロン・ロープ等の滑りやすいものでは5回挿入します。ここでストランドの余端を切り落として完了とすることもありますが、通常はストランドを徐々に細くしてさらに2回挿入します。

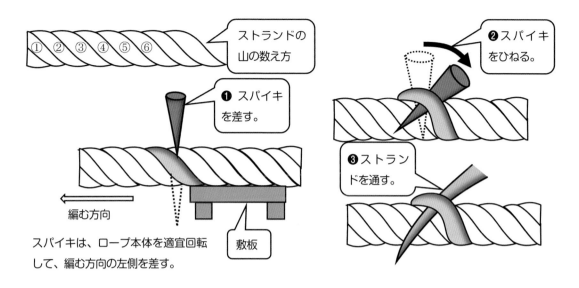

スパイキは、ロープ本体を適宜回転して、編む方向の左側を差す。

図3-17　スプライスの準備

column
7

「ロープ・ワーク」に使う道具の話（1）

　ロープを加工するときの道具として、スパイキは欠かせません。繊維ロープには木製スパイキを使用することが適当ですが、ロープの太さによってスパイキのサイズも異なります。

　下の写真左は、愛媛県宇和島市にある船会社で使用されているもので、左から2つが木製、3番目が鉄製（細いロープには先の尖った鉄製が使用しやすい。）です。4番目はカジキマグロの骨、5番目が鹿の骨で船員の手作りだそうです。写真右は、長さ500mm〜150mmまでの木製です。

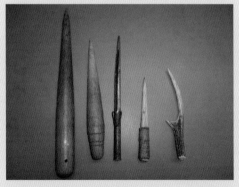

いろいろな材料で作られたスパイキ

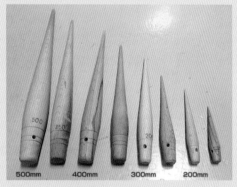

いろいろなサイズのスパイキ

（出典：左　盛運汽船 株式会社ホームページより：http://www.seiunkisen.co.jp/、右 株式会社 ナカヤ（Web ページ「せんぐ屋」）ホームページより：https://www.senguya.jp/hpgen/HPB/shop/shopguide.html）

（2）アイ・スプライス (Eye Splice)

ロープの先端に輪（アイ：Eye)を作る結びです。最も一般的に行われている方法です。（図3-18)

A図　先に記した（1）準備を参考に、所要のストランドの長さのところを、細索で止めます（ホイッピング）。

B図　ストランドの先端を細索等で止めてから解き、①、②、③の番号を付けます。

C図　曲げて輪を作り、①番を本体の中心線上に置き、スパイキで穴を開けストランドを通します。

D図　②、③と続け、3本通したらしっかり締めます。細索を外してもゆるみのないように注意します。

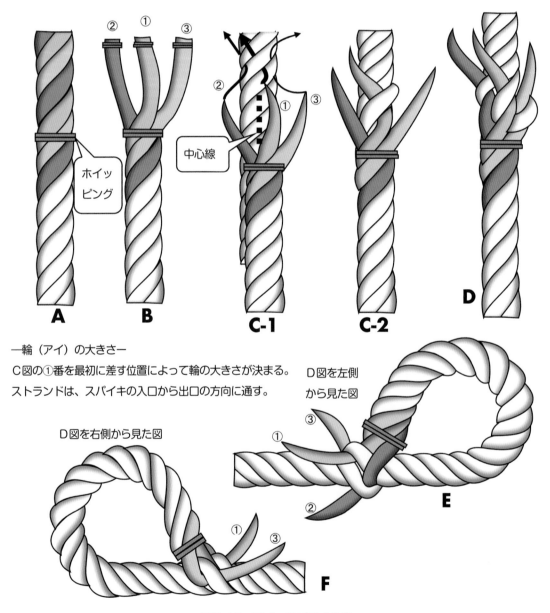

―輪（アイ）の大きさ―

C図の①番を最初に差す位置によって輪の大きさが決まる。
ストランドは、スパイキの入口から出口の方向に通す。

図3-18　アイ・スプライス①

G図・H図　2回目以降のスプライス：①、②、③のどれから開始してもかまいません。（例：①→②→③→①→②→③の順に通す。）1本ずつしっかり締めておきます。G図は、③番を例に通し方を示したものです。（図3-19）

3回目のスプライス：ここで終了する場合は、余端を1cmほど残して切り捨て、化繊ロープの場合は熱処理します。（48ページ「余端の処理法」参照）

I図　4回目のスプライス：ストランドの下側1/3を切り捨て、上側でスプライスします（切り取った跡が見えないようにします）。

5回目のスプライス：さらに1/3を切り捨て、スプライスし余端は1cm程残して切り捨てます。スプライスした部分を木槌等で叩いて、均等に丸みを付けきれいにします。

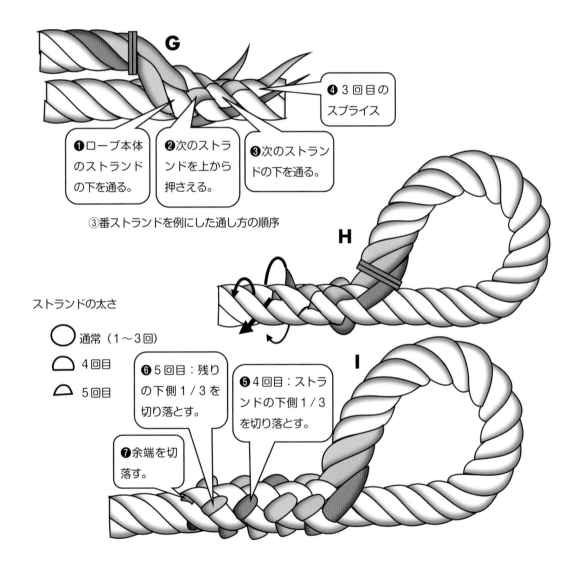

図3-19　アイ・スプライス②

（3）セールメーカーズ・アイ・スプライス (Sailmaker's Eye Splice)

　作業部分のストランドを本体の同じストランドに巻いていきます。先に示した図3-18のＡ・Ｂ図の準備をして、次に下記に続けます。

　Ａ図　（2）アイ・スプライスと異なり、作業ストランドは、本体ストランドのスパイキの出口から入口（左から右）に向かって通します。作業ストランドを巻くときは、撚りを戻して被せるように巻き込んでいきます。

　Ｂ図・Ｃ図　①番のストランドを通したら中心を合わせ、続いて②番③番を通します。

　Ｄ図　3本のストランドを通したら、細索を外してもゆるみのないようにしっかり締めます。

（図3-20Ａ～Ｄ）

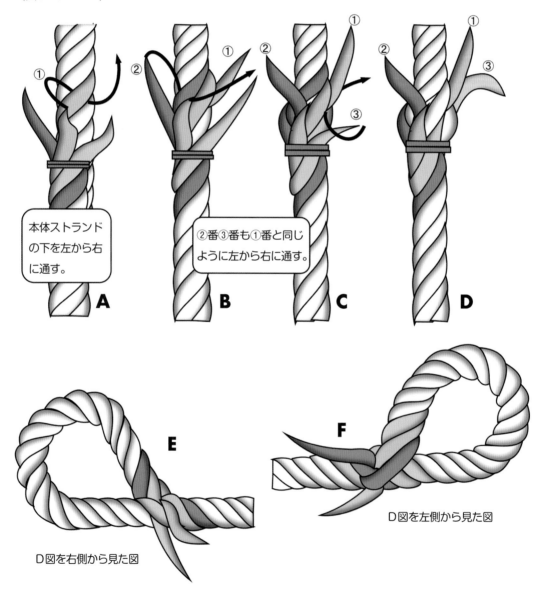

本体ストランドの下を左から右に通す。

②番③番も①番と同じように左から右に通す。

D図を右側から見た図

D図を左側から見た図

図3-20　セールメーカーズ・アイ・スプライス①

G図　2回目、3回目のスプライス：③→①→②→③の順に行うと作業がしやすいでしょう。スパイキ
　　　を差す方向は1回目と同じです。

H図　3回目終了後の処理は、（2）のアイ・スプライスと同じ要領で行います。

（図3-21G、H）

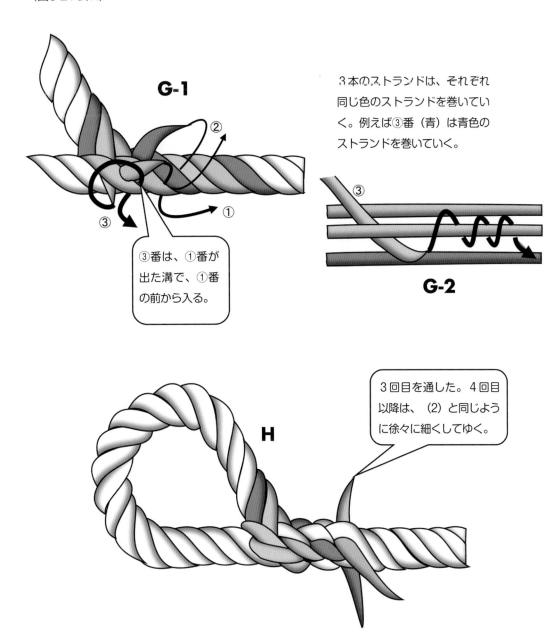

G-1

3本のストランドは、それぞれ
同じ色のストランドを巻いてい
く。例えば③番（青）は青色の
ストランドを巻いていく。

G-2

③番は、①番が
出た溝で、①番
の前から入る。

H

3回目を通した。4回目
以降は、（2）と同じよう
に徐々に細くしてゆく。

図3-21　セールメーカーズ・アイ・スプライス②

（４）マン・ロープ・アイ・スプライス（Man Rope Eye Splice）

　　（１）及び（２）のアイ・スプライスの１回目のスプライスのあとに、マン・ロープ・ノット（53ページ参照）を作るものです。セールのハリヤードを作る場合などに使用されましたが、実用性は低く装飾用です。また、ダブル・ダイヤモンド・ノットなどを結ぶこともできます。　（図3-22）

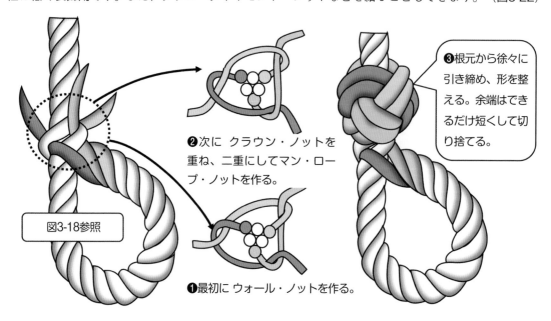

❸根元から徐々に引き締め、形を整える。余端はできるだけ短くして切り捨てる。

❷次に クラウン・ノットを重ね、二重にしてマン・ロープ・ノットを作る。

❶最初に ウォール・ノットを作る。

図3-18参照

図3-22　マン・ロープ・アイ・スプライス

（５）マッシュウォーカー・アイ・スプライス（Matthew Walker Eye Splice）

　　（１）及び（２）のアイ・スプライスの１回目スプライスのあとに、ダブル・マッシュウォーカー・ノット（52ページ参照）を作り、スプライスしたものです。主に装飾用です。　（図3-23）

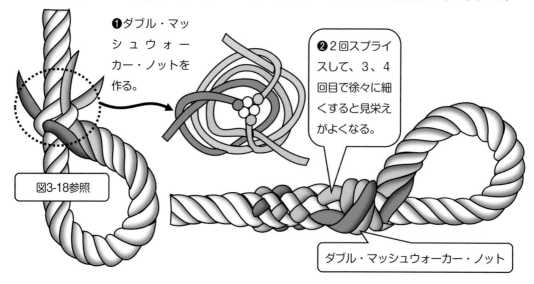

❶ダブル・マッシュウォーカー・ノットを作る。

❷２回スプライスして、3、4回目で徐々に細くすると見栄えがよくなる。

図3-18参照

ダブル・マッシュウォーカー・ノット

図3-23　マッシュウォーカー・アイ・スプライス

（6）バック・スプライス (Back Splice)

三つ撚りロープの端が解けるのを防ぐためのホイッピングとして行われます。準備は（1）及び（2）のアイ・スプライスと同じようにし、最初にロープの端にクラウン・ノットを作ります。次にアイ・スプライスと同じ要領で各ストランドを通して仕上げます。実用上は、3回のスプライスで十分です。（図3-24）

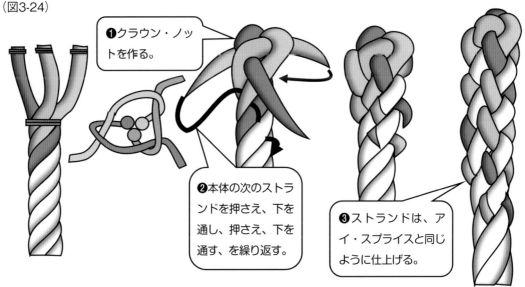

❶クラウン・ノットを作る。

❷本体の次のストランドを押さえ、下を通し、押さえ、下を通す、を繰り返す。

❸ストランドは、アイ・スプライスと同じように仕上げる。

図3-24　バック・スプライス

column
8

環綱（ストロップ）

1本のロープや紐の両端をつなぎ合わせて環にしたものを一般に**環綱（ストロップ）**と言いますが、船では、柱やマストのステイ（支索）などに滑車を掛けるときや貨物を積み下ろしするときの**吊り具（スリング）**として使用されています。ストロップには、材質によって繊維索、ワイヤー・ロープ、チェーンのものがあります。

また、大きさによって、ロープの両端をショート・スプライスで接合した短いもの（**コモン・ストロップ**）と、袋物や長大物を吊るときの長いもの（**ベール・スリング・ストロップ**）があります。

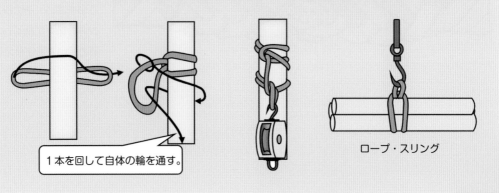

1本を回して自体の輪を通す。

ロープ・スリング

（7）ショート・スプライス (Short Splice)

ショート・スプライスは、2本のロープをつなぎ合わせて長いロープにするために行うものです。作業準備やスプライスの方法は、（2）のアイ・スプライス（84ページ参照）と同じです。（図3-25）

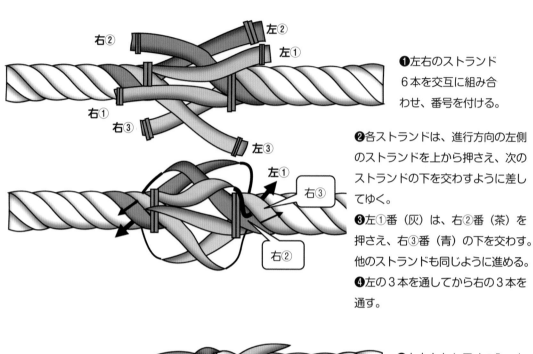

❶左右のストランド6本を交互に組み合わせ、番号を付ける。

❷各ストランドは、進行方向の左側のストランドを上から押さえ、次のストランドの下を交わすように差してゆく。

❸左①番（灰）は、右②番（茶）を押さえ、右③番（青）の下を交わす。他のストランドも同じように進める。

❹左の3本を通してから右の3本を通す。

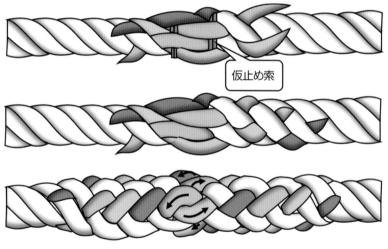

❶左右とも1回ずつ入ったら仮止め索を外す

❷仮止め索を外したら、接合部が密着するように引き締め、左右の一方を先に仕上げる（図では右側）。

❸左右3回通したらしっかり引き締め、その後ストランドを徐々に細くし、木槌等で叩いて形を整える。

図3-25　ショート・スプライス

（8）セールメーカーズ・ショート・スプライス (Sailmaker's Short Splice)

　２本のロープをつなぐものですが、太さが異なるときにも適用できます。作業方法は、ショート・スプライスと同じように組み合わせ、その後はセールメーカーズ・アイ・スプライスと同じ要領で行います。ストランドを巻くときは、撚りを戻して被せるように巻き込んでいきます。（図3-26）

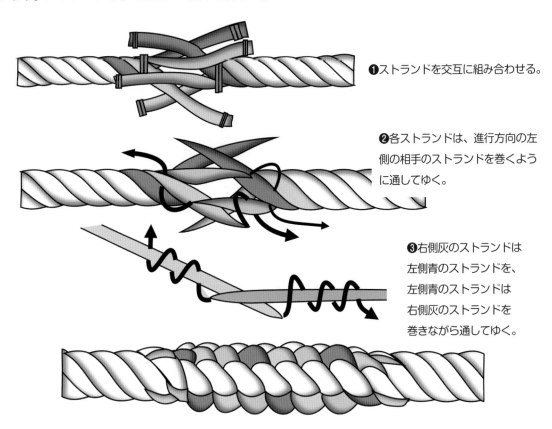

❶ストランドを交互に組み合わせる。

❷各ストランドは、進行方向の左側の相手のストランドを巻くように通してゆく。

❸右側灰のストランドは左側青のストランドを、左側青のストランドは右側灰のストランドを巻きながら通してゆく。

図3-26　セールメーカーズ・ショート・スプライス

（9）ロング・スプライス (Long Splice)

　ロープとロープのつなぎ目をできるだけ太くしないでつなぐ方法です。テークル[*15] の滑車（ブロック[*16]）を通すロープをショート・スプライスでつないでは太すぎるような場合に用いられます。ロープの強度をできるだけ保持するには、つなぎ目も長くしなければなりません、実用上はストランドの長さを４m以上とる必要があります。（図3-27、3-28）

　ただし、ロープの大小や使用荷重によって、適宜それ以上に長くしたり短くしたり調整します。一般に展示用のものは短く作成されています。

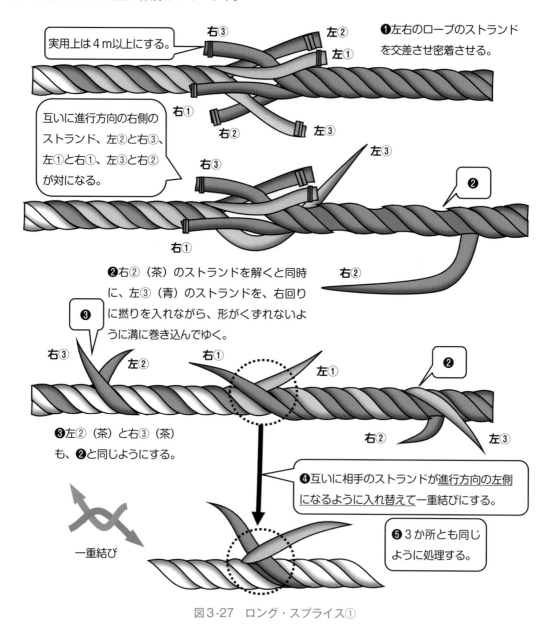

実用上は４m以上にする。

右③　左②
左①

❶左右のロープのストランドを交差させ密着させる。

右①

互いに進行方向の右側のストランド、左②と右③、左①と右①、左③と右②が対になる。

右②　左③

左③

右③

右①

左③

❷

右②

❷右②（茶）のストランドを解くと同時に、左③（青）のストランドを、右回りに撚りを入れながら、形がくずれないように溝に巻き込んでゆく。

❸

右③　左②

右①　左①

❷

❸左②（茶）と右③（茶）も、❷と同じようにする。

右②　左③

❹互いに相手のストランドが進行方向の左側になるように入れ替えて一重結びにする。

❺３か所とも同じように処理する。

一重結び

図3-27　ロング・スプライス①

---

*15 テークル…滑車とロープを組み合わせた装置のこと。クレーンなど主に重量物の積み下ろしに利用され、力の倍力を得たり、方向を変えることができる。（94ページ「コラム9」参照）

*16 ブロック…滑車のこと。中心にロープを案内する回転輪がある。木製、鉄製、ステンレス製などがある。

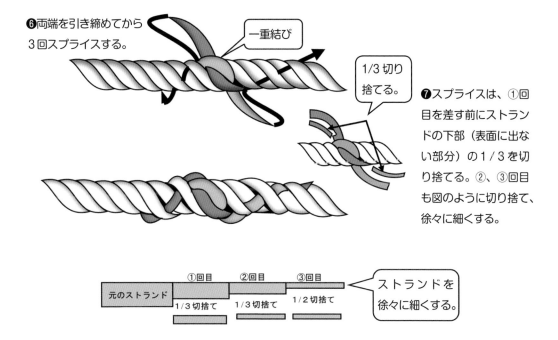

❻両端を引き締めてから
３回スプライスする。

一重結び

1/3切り
捨てる。

❼スプライスは、①回
目を差す前にストラン
ドの下部（表面に出な
い部分）の１/３を切
り捨てる。②、③回目
も図のように切り捨て、
徐々に細くする。

	①回目	②回目	③回目
元のストランド	1/3切捨て	1/3切捨て	1/2切捨て

ストランドを
徐々に細くする。

注）互いに進行方向の右側のストランドと対にするのは、その後のストランドの巻きこみを容易にするためである。

図3-28　ロング・スプライス②

column
9

テークル

　滑車1つ以上と通索を組み合せた装置を**テークル**と言います。力の方向を変えるほか、小さな力を大きな力に変換することができ、これを**倍力**と言います。テークルはシーブの数によって名称が異なり、図以外にもたくさんの種類があります。倍力は動滑車から出ている索の数で決まります。

テークルの構造と各部名称

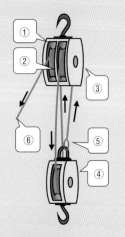

① **シェル**　木製、鉄製、ステンレス製などがある。
② **シーブ**　索を導く溝を設けた回転円盤輪
③ **定滑車**　固定された滑車
④ **動滑車**　上下に移動する滑車
⑤ **索の根元**　シャックル等で止められている。
⑥ **索の引き手**　人力や動力で荷物を上げる。

クレーン船のテークル

テークルの組み方と倍力

① シングル・ホイップ

（倍力 1）

② ランナー

（倍力 2）

力の方向を下向に変えただけで、倍力はない。

動滑車から索が2本出ているので、倍力2になる。

小型の滑車

③ ガン・テークル

（倍力 2）
（倍力 3）

④ ラフ・テークル

（倍力 3）

⑤ ツー・ホールド・
　パーチェス

（倍力 4）

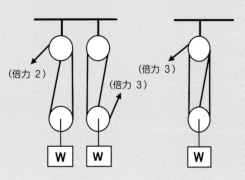

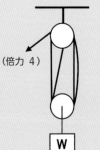

小形船のテークル

（10）クロス・ロープのアイ・スプライス（第一法）(Eye Splice of Cross Rope 1)

　クロス・ロープは、**S撚り（右撚り）** と **Z撚り（左撚り）** のストランドを２本１組として４組（合計８本）のストランドを組んだロープです。アイ・スプライス第一法は、スパイキを使用して、ストランド１組を同じ撚りのストランドに沿って挿入していきます。（図3-29、3-30、3-31）

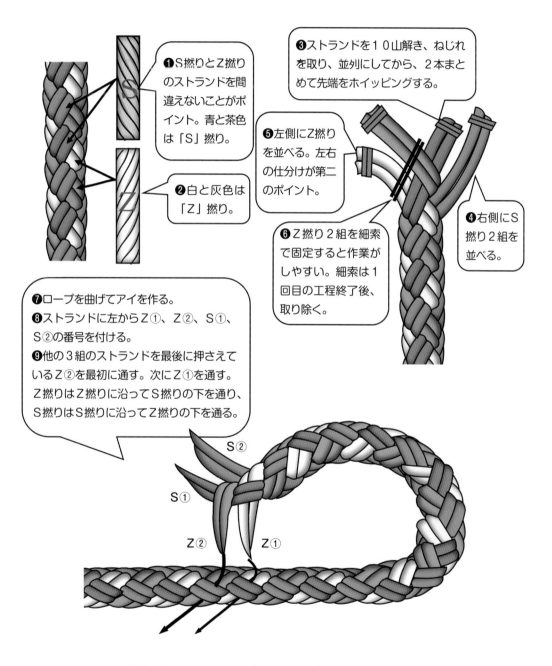

❶S撚りとZ撚りのストランドを間違えないことがポイント。青と茶色は「S」撚り。

❷白と灰色は「Z」撚り。

❸ストランドを１０山解き、ねじれを取り、並列にしてから、２本まとめて先端をホイッピングする。

❺左側にZ撚りを並べる。左右の仕分けが第二のポイント。

❹右側にS撚り２組を並べる。

❻Z撚り２組を細索で固定すると作業がしやすい。細索は１回目の工程終了後、取り除く。

❼ロープを曲げてアイを作る。
❽ストランドに左からZ①、Z②、S①、S②の番号を付ける。
❾他の３組のストランドを最後に押さえているZ②を最初に通す。次にZ①を通す。Z撚りはZ撚りに沿ってS撚りの下を通り、S撚りはS撚りに沿ってZ撚りの下を通る。

S②
S①
Z②　Z①

図3-29　クロス・ロープのアイ・スプライス（第一法）①

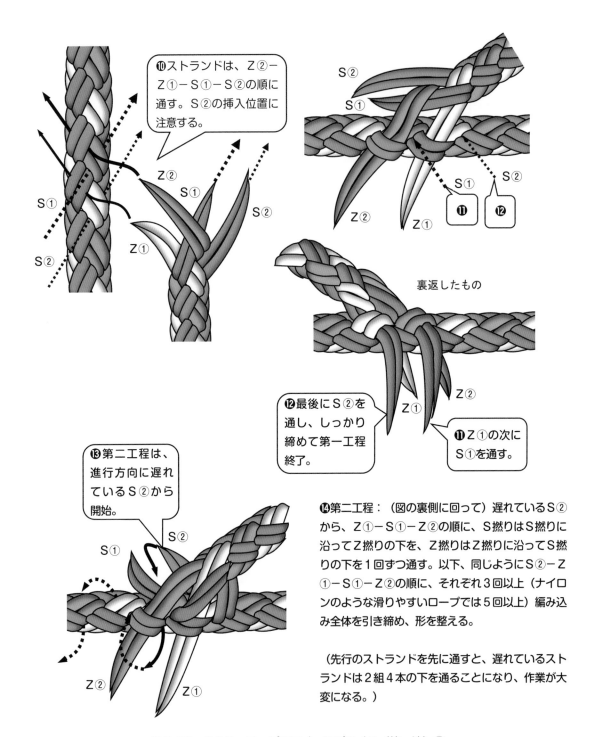

❿ストランドは、Z②－Z①－S①－S②の順に通す。S②の挿入位置に注意する。

⓫Z①の次にS①を通す。

⓬最後にS②を通し、しっかり締めて第一工程終了。

裏返したもの

⓭第二工程は、進行方向に遅れているS②から開始。

⓮第二工程：（図の裏側に回って）遅れているS②から、Z①－S①－Z②の順に、S撚りはS撚りに沿ってZ撚りの下を、Z撚りはZ撚りに沿ってS撚りの下を1回ずつ通す。以下、同じようにS②－Z①－S①－Z②の順に、それぞれ3回以上（ナイロンのような滑りやすいロープでは5回以上）編み込み全体を引き締め、形を整える。

（先行のストランドを先に通すと、遅れているストランドは2組4本の下を通ることになり、作業が大変になる。）

図3-30　クロス・ロープのアイ・スプライス（第一法）②

[余端の処理]
　余端は次のいずれかの方法で、それぞれ4か所処理し、さらに先端を熱処理する。

図3-31　クロス・ロープのアイ・スプライス（第一法）③

（11）クロス・ロープのアイ・スプライス（第二法）(Eye Splice of Cross Rope 2)

　第一法と同じようにストランドの準備をし、Ｓ撚りはＳ撚りのストランドに、Ｚ撚りはＺ撚りのストランドに巻いてゆく方法です。（図3-32、3-33）

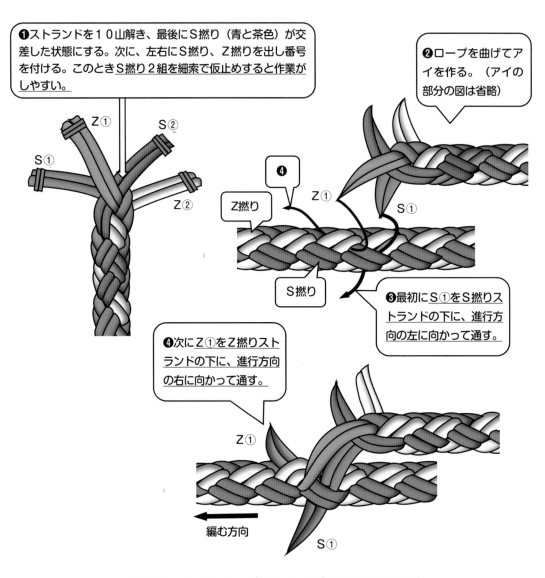

図3-32　クロス・ロープのアイ・スプライス（第二法）①

❻ロープを裏返して、右方向に編む。

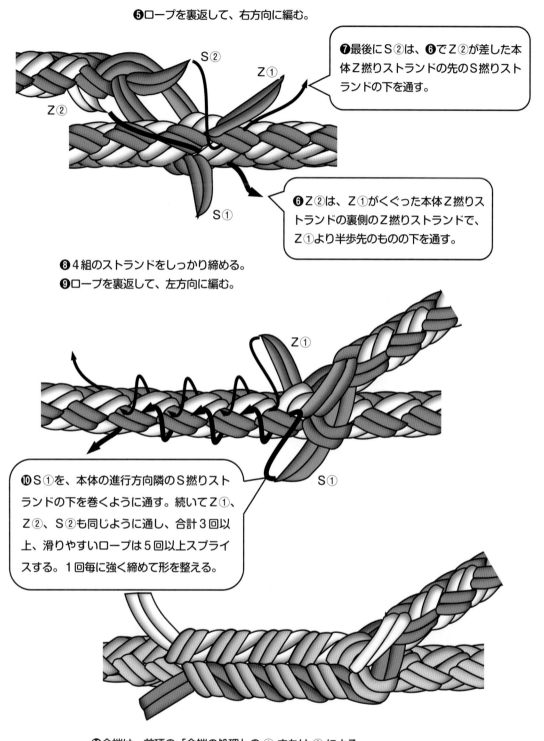

❼最後にS②は、❻でZ②が差した本体Z撚りストランドの先のS撚りストランドの下を通す。

❻Z②は、Z①がくぐった本体Z撚りストランドの裏側のZ撚りストランドで、Z①より半歩先のものの下を通す。

❽4組のストランドをしっかり締める。
❾ロープを裏返して、左方向に編む。

❿S①を、本体の進行方向隣のS撚りストランドの下を巻くように通す。続いてZ①、Z②、S②も同じように通し、合計3回以上、滑りやすいロープは5回以上スプライスする。1回毎に強く締めて形を整える。

⓫余端は、前項の「余端の処理」の ① または ③ による。

図3-33　クロス・ロープのアイ・スプライス（第二法）②

（12） クロス・ロープのショート・スプライス (Short Splice of Cross Rope)

　２本のクロス・ロープをつなぐ方法です。スプライスは、アイ・スプライス第一法と同じように、ストランド１組を同じ撚りのストランドに沿って挿入して行きますが、最初の左４組右４組合計８組のストランドの組合せが重要なポイントとなります。（図3-34、3-35）

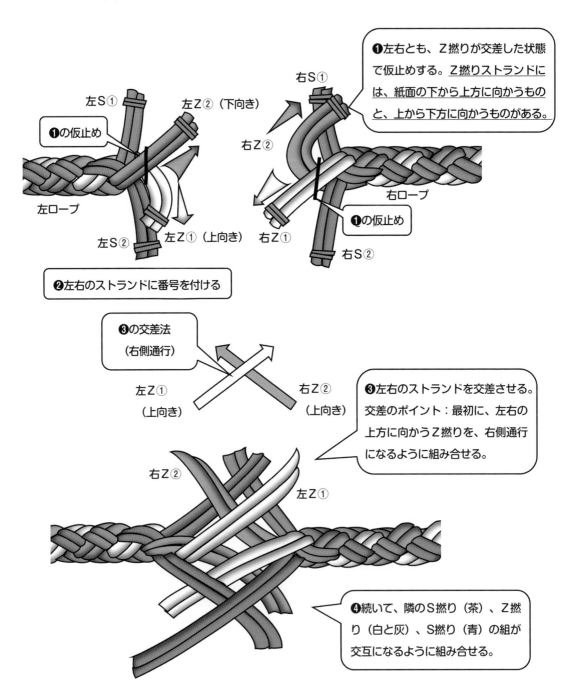

図3-34　クロス・ロープのショート・スプライス①

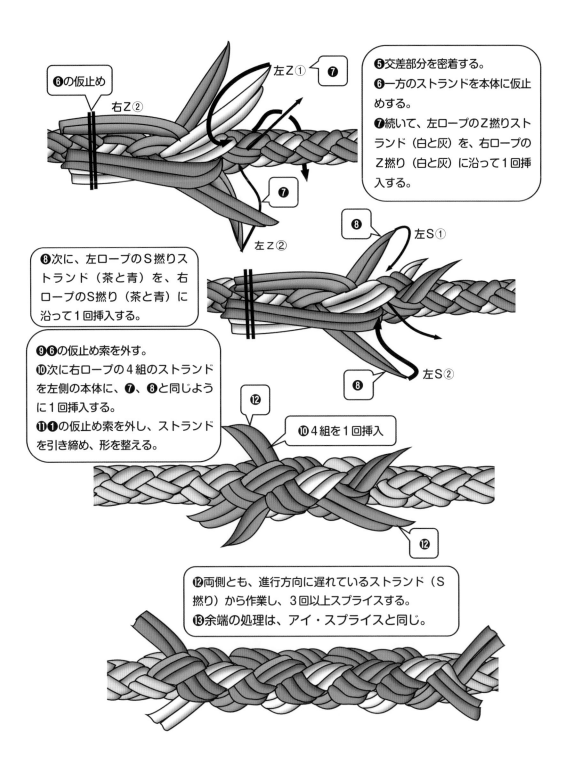

❺交差部分を密着する。

❻一方のストランドを本体に仮止めする。

❼続いて、左ロープのZ撚りストランド（白と灰）を、右ロープのZ撚り（白と灰）に沿って1回挿入する。

❽次に、左ロープのS撚りストランド（茶と青）を、右ロープのS撚り（茶と青）に沿って1回挿入する。

❾❻の仮止め索を外す。

❿次に右ロープの4組のストランドを左側の本体に、❼、❽と同じように1回挿入する。

⓫❶の仮止め索を外し、ストランドを引き締め、形を整える。

❻の仮止め

右Z②

左Z①　❼

❼

左Z②

❽　左S①

❽　左S②

⓬

❿4組を1回挿入

⓬

⓬両側とも、進行方向に遅れているストランド（S撚り）から作業し、3回以上スプライスする。

⓭余端の処理は、アイ・スプライスと同じ。

図3-35　クロス・ロープのショート・スプライス②

2 シュラウド・ノット（破断面や2本のロープをつなぐ）

シュラウド・ノットとは、破断したロープや2本のロープをつなぐ結び方です。スプライスはせずにストランドを編み込んで作ります。大型の帆船で使用されていたもので種類はたくさんありますが、今日では装飾用に使用されています。

（1）インターロッキング・クラウン・シュラウド・ノット (Interlocking Crown Shroud Knot)

両側のロープのストランドをショート・スプライス（90ページ参照）と同じように組み合わせ、それぞれの側にクラウン・ノット（47ページ参照）を作り、先端を相手のクラウン・ノットに沿って二重化した結びです。（図3-36）

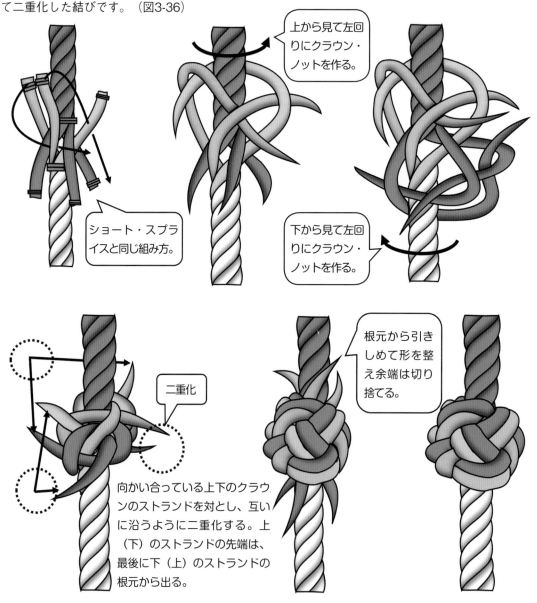

ショート・スプライスと同じ組み方。

上から見て左回りにクラウン・ノットを作る。

下から見て左回りにクラウン・ノットを作る。

二重化

向かい合っている上下のクラウンのストランドを対とし、互いに沿うように二重化する。上（下）のストランドの先端は、最後に下（上）のストランドの根元から出る。

根元から引きしめて形を整え余端は切り捨てる。

図3-36 インターロッキング・クラウン・シュラウド・ノット

（2）アメリカン・シュラウド・ノット (American Shroud Knot)

　両側のロープのストランドをショート・スプライスと同じように組み合わせ、それぞれの側に
ウォール・ノットを作り、余端をスプライスした結びです。（図3-37）

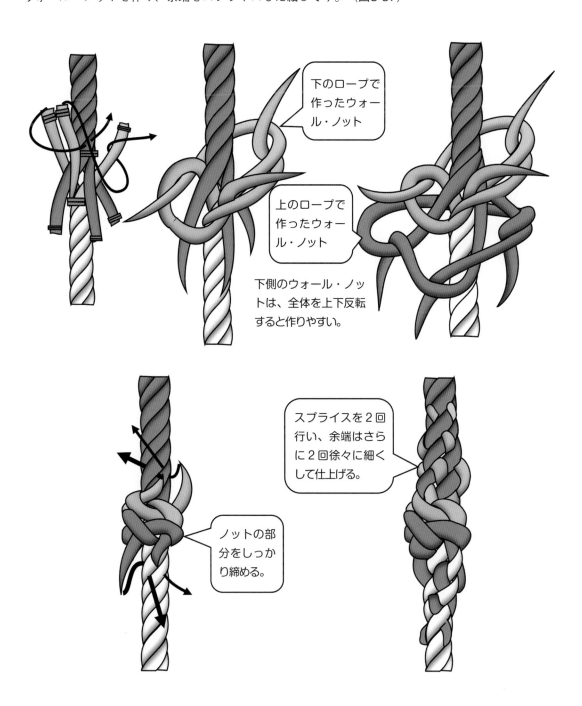

下のロープで
作ったウォー
ル・ノット

上のロープで
作ったウォー
ル・ノット

下側のウォール・ノッ
トは、全体を上下反転
すると作りやすい。

スプライスを2回
行い、余端はさら
に2回徐々に細く
して仕上げる。

ノットの部
分をしっか
り締める。

図3-37　アメリカン・シュラウド・ノット

（3）クリッパー・シップ・シュラウド・ノット (Clipper Ship Shroud Knot)

　両端を組み合わせ、下側のロープのストランド（灰、青、黄）で作ったバイト（ロープがUターンしたもの）に、上側のロープのストランド（茶）を通したものです。6本のストランドを組み合わせるので、2本のロープの接合部を細索でホイッピングし、ストランドの入口・出口に注意して作業します。（図3-38）

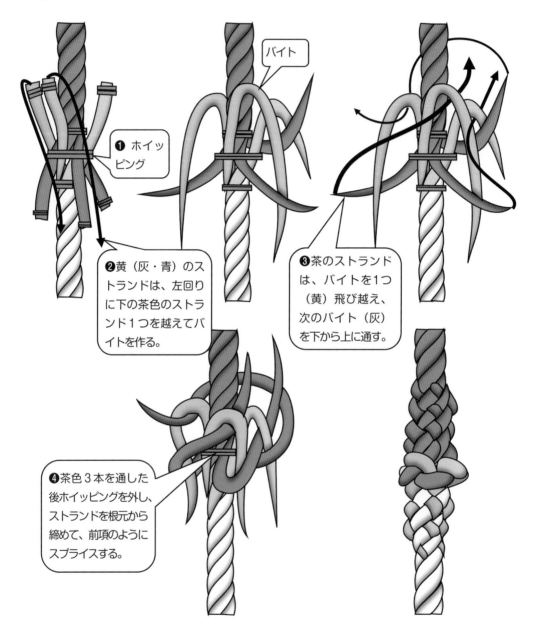

❶ ホイッピング

❷黄（灰・青）のストランドは、左回りに下の茶色のストランド1つを越えてバイトを作る。

❸茶のストランドは、バイトを1つ（黄）飛び越え、次のバイト（灰）を下から上に通す。

バイト

❹茶色3本を通した後ホイッピングを外し、ストランドを根元から締めて、前項のようにスプライスする。

図3-38　クリッパー・シップ・シュラウド・ノット

（4）ダブル・マンロープ・シュラウド・ノット (Double Manrope Shroud Knot)

　両側にウォール・ノットを作り、さらにクラウン・ノットを重ねて二重にし、マンロープ・ノット（53ページ参照）にしたものです。ダブル・マッシュウォーカー・ノットやダブル・ダイヤモンド・ノットも作ることができます。（図3-39）

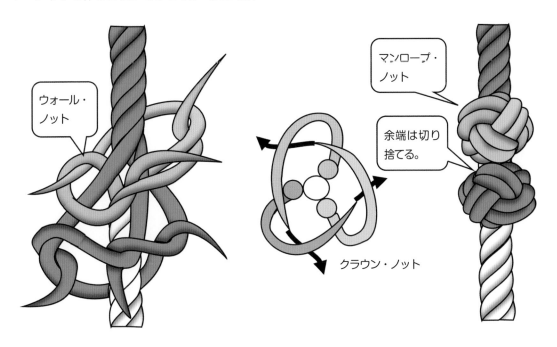

図3-39　ダブル・マンロープ・シュラウド・ノット

3-3　センニット（編み索：使用済みロープの再生）◇◇◇◇◇◇◇◇◇◇◇◇◇◇

1 準備等

（1）作成準備

　古来から、船では使用済みロープ（特にマニラ・ロープ）のヤーン（左撚り）を編み直して雑用ロープとして使用してきました。**センニット**と言われるもので、三つ編みが主ですが、他にもいろいろな編み方が生まれ、今日では主に装飾用として使用されています。

　本来センニットは、図3-40Aのように三つ撚りロープからストランドを必要な長さだけ切り取り、固定物に結び止めヤーンをばらばらにして、必要な数のヤーンで編むものです。雑用ロープとしては、でき上がりで1.5～2m位にしますが、このときのヤーンの長さはその1.5倍くらいが必要です。

　装飾用には同図Bのように、1～5mm程度の細索をまとめて結び、固定物に止めて編めばいいのです。（使用目的によっては、これより細くても太くても編むことができます。）

　ヤーンまたは細索は長いため、同図Cのように根元の方からコイル状にしておくと、必要な長さだけ内側から引き出せるので、絡まずに作業がしやすくなります。

注）センニット（sennit）は、古い海事用語で一般の日本語や英語の辞書ではなかなか見られません。

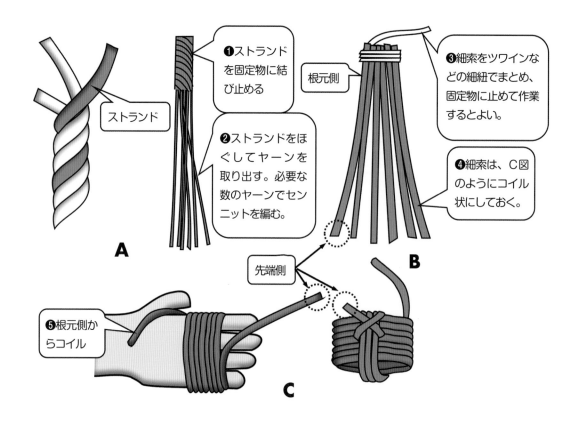

A
　ストランド
　❶ストランドを固定物に結び止める
　❷ストランドをほぐしてヤーンを取り出す。必要な数のヤーンでセンニットを編む。

B
　根元側
　❸細索をツワインなどの細紐でまとめ、固定物に止めて作業するとよい。
　❹細索は、C図のようにコイル状にしておく。

C
　先端側
　❺根元側からコイル

図3-40　作成準備

（2）端止め法

　本来は雑用ロープのため、両端の一定の止め方はなく、通常は次のように行われています。

① 図3-41 A-1のように、最後に押さえた索で一結びし、続いて同図A-2のように、その前に押さえた索で一結びして二重にして止めます。4本以上で編んだときも雑用ロープとして使用する場合は同様に止めればいいのですが、索の数が多くなると見栄えがよくありません。

② 1本以上で編むのは、主に装飾用に作ることが多い結びです。センニットの両端を同図B-1のように、全体を装飾用の細い紐や糸でホイッピングし、余端は切り落とします。本数が多く幅が広い場合は縫い上げたほうがよく、金属製の止め具など、紐や糸に代わるもので固定してもかまいません。

③ センニットの索をしっかり締めたあと、同図B-2のように、他の索を挟んで押さえている2本の索を装飾用の細い紐や糸でしっかり結んで、全体が解けないように固定します。結びは編んだ本数にもよりますが、1か所でも複数か所でもよくきれいに仕上がるようにします。他の索の先端も装飾用の糸でホイッピングします。なお、雑用に使用するときは、2本の索をリーフ・ノットで止めてもよいでしょう。

④ 例えば7本で編んだものを、外側の2本を編まずに残り5本の平編み→3本の平編みと減らし、徐々に狭く（細く）なるように編みます。最後に①または③のように止めてもきれいになります。

⑤ 同図Cのように、最後の2〜3回は、編み索の1本を折り返し二重にして編みます。最後に押さえた索を輪の中に通し、折り返した索の根元側を引き締めます。

⑥ その他、使用目的に合わせて独自の端止めをすることができます。

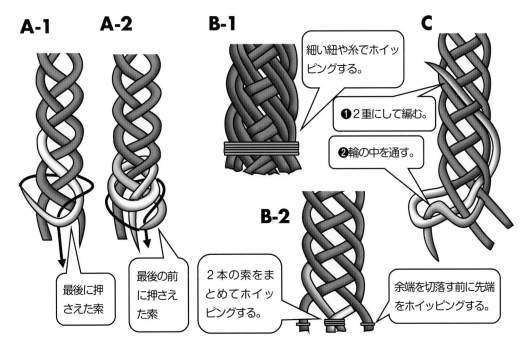

図3-41　端止め法

（3）ヤーン、または細索の揃え方

センニットは、ストランド（索、細索）の数が多いと編み初めに混乱しやすくなります。そこで、本体を編む前に次の例のように編んで揃えておくと作業がしやすくなります。図3-42中の下側の番号（①②③・・・）が、次ページ以下の本体の編み方の番号につながります。

なお、このプロセスを省略し、直接本体から編み始めることもできます。

ストランドを番号順（図中❶❷❸・・・）に組み合わせて本数を増やしていきます。下図の5本組では、左側3本（❺❸❶）、右側2本（❷❹）としているので、本体を編むストランドは右組が3本（③④⑤）、左組が2本（①②）に分かれています。本体の編み方に応じて右組を多くしたり左側を多くしたりします。また、図ではいずれも❶番の上に❷番を重ねていますが、❷番を❶番の下に重ねて組み合せることもあります。7本組以上では2本1組にして作ることもできます。

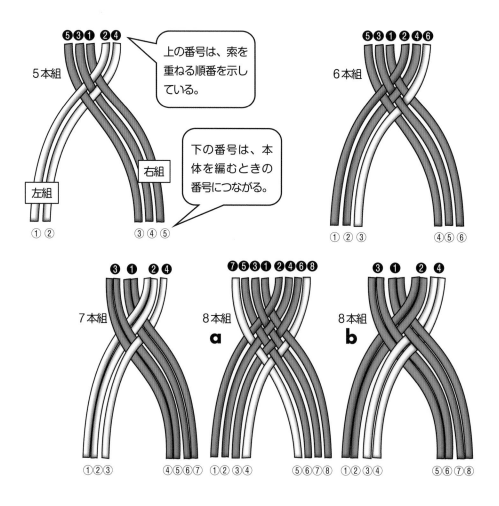

図3-42　ヤーン等の揃え方

2　平編み (Plain/Flat Sennit)

　でき上がりが平たいセンニットです。ストランドの数が左右同じときはどちら側から編んでもよく、異なる場合は数の多い側から編み始めます。

（1）スリー・ストランド・プレーン・センニット (Three Strands Plain Sennit)

　3本のストランドで編むので**三つ編み**と言います。平編みの基本で広く利用されています。雑用ロープとして使用するほとんどがこの編み方です。2本1組の6本で編めます。（図3-43）

　　❶＝右端の③番は、②番の上を通って、①番と②番の間にくる。

　　❷＝左端の①番は、③番の上を通って、②番と③番の間にくる。

　　❸＝右端の②番は、①番の上を通って、③番と①番の間にくる。以下、繰り返す。

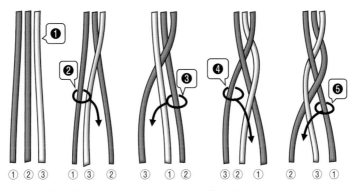

図3-43　スリー・ストランド・プレーン・センニット

（2）フォー・ストランド・プレーン・センニット (Four Strands Plain Sennit)

　4本の網目が揃った平らなセンニットです。図3-44は、左右2本組で右側から始めていますが、どちらから編んでもかまいません。（図3-44）

　　❶＝④番は、③番の上を通って左組の最後にくる。

　　❷＝①番は、②番の下、④番の上を通って右組の先頭にくる。

　　❸＝③番は、①番の上を通って左組の最後にくる。以下、繰り返す。

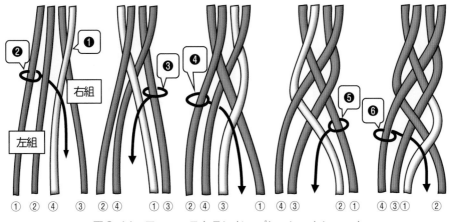

図3-44　フォー・ストランド・プレーン・センニット

（3）フォー・ストランド・ダブル・センニット（Four Strands Double Sennit）

（2）と同じものを2本1組にして編んだもので仕上がりがきれいになります。3本1組にもできます。

②番、③番を4本にして計12本にすると**トゥエルブ・ストランド・フラット・センニット**(Twelve Strands Flat Sennit)になり、美しい仕上がりになります。編み上げ後、木槌等で軽く叩いて平面に仕上げます。（図3-45）

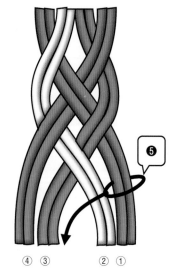

④ ③　　　② ①

図3-45　フォー・ストランド・ダブル・センニット

（4）ファイブ・ストランド・ランニング・センニット（Five Strands Running Sennit）

網目にならず、中央に引き締まった形に仕上がります。揃え方5本組で①番の下に②番を重ねて組み合わせて開始します。（図3-46）

❶＝⑤番は、③番④番の上を通って、左組の最後にくる。

❷＝①番は、②番⑤番の上を通って、右組の先頭にくる。以下、繰り返す。

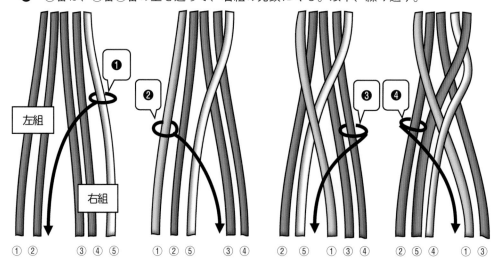

左組　　　右組

① ②　　③ ④ ⑤　　① ② ⑤　　③ ④　　② ⑤ ① ③ ④　　② ⑤ ④ ① ③

図3-46　ファイブ・ストランド・ランニング・センニット

（5）シックス・ストランド・イーブン・イレギュラー・センニット (Six Strands Even Irregular Sennit)

左右非対称で右側が少し高くなります。揃え方6本組から開始します。（図3-47）

❶＝⑥番は、⑤番の上、④番の下を通って左組の最後にくる。

❷＝①番は、②番③番の上を通って、右組から移動した⑥番の下を通って右組の先頭にくる。

❸＝⑤番は、❶と同じようにする。以下、繰り返す。

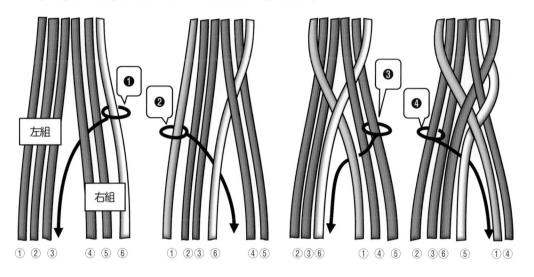

図3-47　シックス・ストランド・イーブン・イレギュラー・センニット

（6）シックス・ストランド・フラット・センニット (Six Strands Flat Sennit)

2本と1本の縄編み模様で装飾に適しています。編み方はフォー・ストランドと同じで、①番と④番は1本、②番と③番は2本組とし、左右の組みに分けます。（図3-48）

❶❷＝最初に③番を下、②番を上にして中央で交差する。❸以降が編み方である。

❸＝④番は、②番の上を通って左組の最後にくる。

❹＝①番は、③番の下、④番の上を通って右組の先頭にくる。以下、繰り返す。

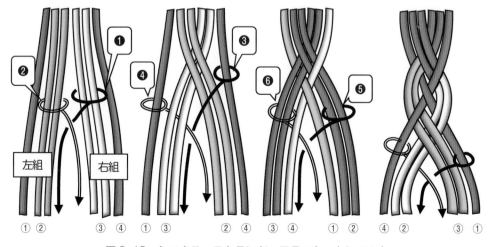

図3-48　シックス・ストランド・フラット・センニット

（7）セブン・ストランド・オッド・イレギュラー・センニット (Seven Strands Odd Irregular Sennit)

中央が密で左右が引き締まった仕上がりになります。揃え方7本組から開始します。（図3-49）

❶＝⑦番は、⑤番⑥番の上、④番の下を通って左組の最後にくる。

❷＝①番は、②番③番の上、⑦番の下を通って右組の先頭にくる。

❸＝⑥番は、④番⑤番の上、①番の下を通って左組の最後にくる。以下、繰り返す。

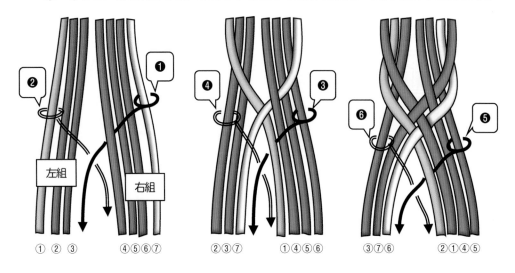

図3-49　セブン・ストランド・オッド・イレギュラー・センニット

（8）ナイン・ストランド・フレンチ・センニット (Nine Strands French Sennit)

V字模様の美しい仕上がりになります。揃え方7本組を9本組に増やしてから開始します。（図3-50）

❶＝⑨番は、⑦番⑧番の上、⑤番⑥番の下を通って、左組の最後にくる。

❷＝①番は、②番③番の上、④番⑨番の下を通って、右組の先頭にくる。

❸＝⑧番は、⑥番⑦番の上、①番⑤番の下を通って、左組の最後にくる。以下繰り返す。

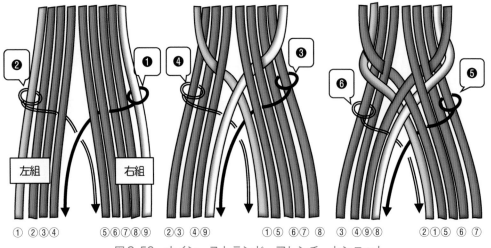

図3-50　ナイン・ストランド・フレンチ・センニット

（9）テン・ストランド・マウンド・センニット (Ten Strands Mound Sennit)

　Ｖ字模様が２列になり、中央がやや盛り上がった形になります。揃え方8本組に2本追加してから開始します。（図3-51）

　❶＝⑩番は、⑧番⑨番の上、⑥番⑦番の下を通って、左組の後部にくる。

　❷＝①番は、②番③番の上、④番⑤番の下、⑩番の上を通って、右組の先頭にくる。

　❸＝⑨番は、⑦番⑧番の上、①番⑥番の下を通って、左組の後部にくる。以下、繰り返す。

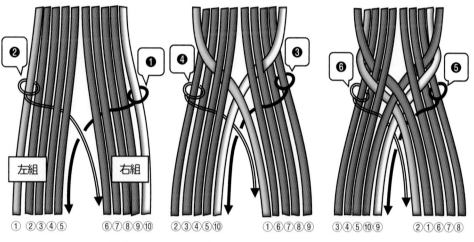

図3-51　テン・ストランド・マウンド・センニット

（10）平編みの変形

　平編みはストランドの本数を自由に組み合わせ、また編み方を変えるなど自在に形を変えることができます。7本ストランドの一例を示します。さらに、異色のストランドを使用すると装飾によいです。（図3-52）

　❶＝⑦番は、⑥番の上、④番⑤番の下を通って左組の最後にくる。

　❷＝①番は、②番③番の上、⑦番の下を通って右組の先頭にくる。

　❸＝⑥番は、⑤番の上、①番④番の下を通って左組の最後にくる。以下、繰り返す。

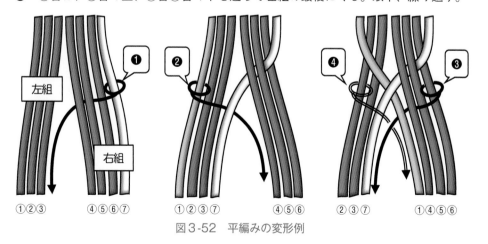

図3-52　平編みの変形例

3 半丸編み(Half Round Sennit)

　断面が半円形になります。左右の組みに分けますが、各組のストランドは元の組に戻るように編みます。偶数本でも奇数本でも編むことができ、偶数本では左右同形ですが奇数本ではやや変形になります。また、偶数本では左右どちらから編んでもいいです。

（1）ファイブ・ストランド・ハーフ・ラウンド・センニット (Five Strands Half Round Sennit)

　やや変型な半丸編みで、ストランドは後ろから回します。揃え方5本組から開始しても、5本を細索でまとめて開始してもかまいません。（図3-53）

　❶＝⑤番は、後ろから回って、左組の最内側の②番を回して、自組の先頭にくる。

　❷＝①番は、後ろから回って、右組の最内側の⑤番を回して、自組の最後にくる。

　❸＝④番は、後ろから回って、左組の最内側の①番を回して、自組の先頭にくる。

　以下、繰り返す。

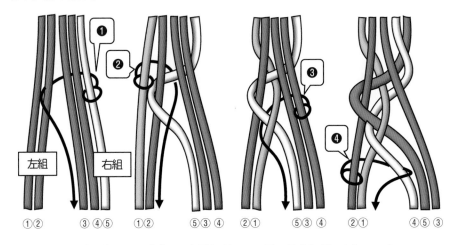

図3-53　ファイブ・ストランド・ハーフ・ラウンド・センニット

（2）シックス・ストランド・ハーフ・ラウンド・センニット (Six Strands Half Round Sennit)

　編み目が揃った最も一般的な半丸編みで、前項と同じように編みます。8本でも編むことができ、この場合、左4本右4本とするが本数が多いため底面がやや間延びしてしまいます。

　また、左4本、右3本の7本で同じように編むと、左右異なった半丸編みに仕上がります。**セブン・ストランド・オッド・バリエーテッド・センニット**(Seven Strands Odd Variated Sennit)と言います。（図3-54）

❶＝⑥番は、後ろから回って、左組の最内側の③番を回して、自組の先頭にくる。
❷＝①番は、後ろから回って、右組の最内側の⑥番を回して、自組の最後にくる。
❸＝⑤番は、後ろから回って、左組の最内側の①番を回して、自組の先頭にくる。
以下、繰り返す。

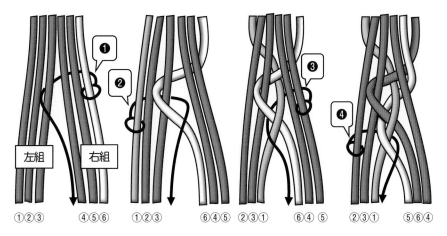

図3-54　シックス・ストランド・ハーフ・ラウンド・センニット

4 丸編み(Round Sennit)

断面が円形になる編み方です。

（１）フォー・ストランド・ラウンド・センニット (Four Strands Round Sennit)

右に２本、左に２本とします。左右とも２回目は１回目と入れ方が異なります。１，３，５・・の奇数回と、２，４，６・・・の偶数回はそれぞれ同じ入れ方になります。本数は少ないがやや難しい結びです。（図3-55）

❶＝右端④番を③番の上から中へ、左端①番を②番の下を通って④番の上に交差させる。

❷＝右端③番を①番の下から中へ、左端②番を④番の上を通って③番の下に交差させる。

❸＝右端①番を②番の上から中へ、左端④番を③番の下を通って①番の上に交差させる。

❹＝❷と同じ要領で編む。以下、繰り返す。

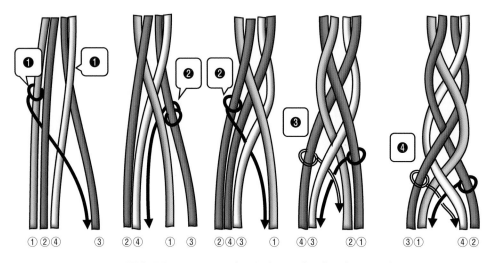

図3-55　フォー・ストランド・ラウンド・センニット

（2）シックス・ストランド・ラウンド・センニット (Six Strands Round Sennit)

　左右の組に分け、各組のストランドは後ろから回して元の組に戻るように編みます。揃え方6本組から開始する場合は、左組端の①番、右組端の⑥番の順に編みます。6本を細索でまとめて開始してもかまいません。（図3-56）

　❶＝⑥番は、後ろから左組の中央②番を回し、③番の後ろから、自組の先頭にくる。

　❷＝①番は、後ろから右組の中央④番を回し、⑥番の後ろから、自組の最後にくる。

　❸＝⑤番は、後ろから左組の中央③番を回し、①番の後ろから、自組の先頭にくる。

　❹＝❷と同じように通す。以下、繰り返す。

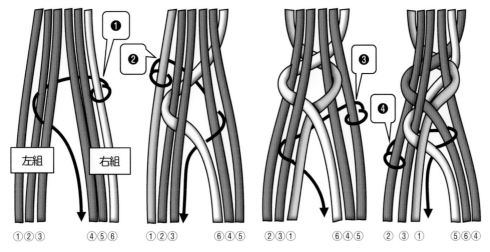

図3-56　シックス・ストランド・ラウンド・センニット

（3）エイト・ストランド・ラウンド・センニット (Eight Strands Round Sennit)

　8本の丸編みの場合も、6本編みと同じ編み方であるので、概略図を示します。10本でも同じです。（図3-57、図3-58 ）

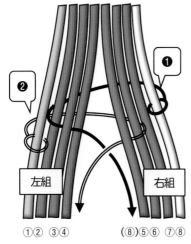

図3-57　エイト・ストランド・
　　　　ラウンド・センニット

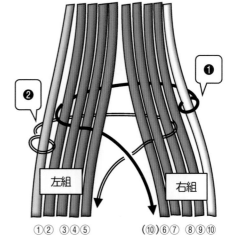

図3-58　テン・ストランド・ラウンド・センニット

117

5 角編み (Square Sennit)

断面が四角形になる編み方です。

（1） ツー・カラーズ・スクエア・センニット (Two Color's Square Sennit)

角編みの基本形となる結びです。図3-59中の❶と❷を繰り返す。

❶＝④番は、後ろから回し、左組の中央（①と②の間）を通って、自組の先頭にくる。

❷＝①番は、後ろから回し、右組の中央（④と③の間）を通って、自組の最後にくる。

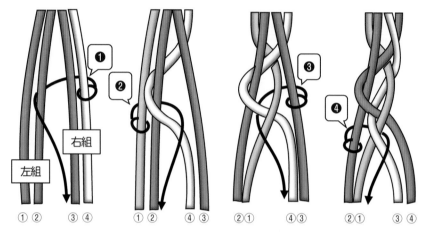

図3-59　ツー・カラーズ・スクエア・センニット

（2） エイト・ストランド・スクエア・センニット (Eight Strands Square Sennit)

　網目が揃った角編みで装飾にも用いられます。右4本、左4本組に分け、図3-60の❶と❷を繰り返します。揃え方8本組から開始しても8本を細索でまとめて開始してもかまいません。

❶＝⑧番は、後ろから回し、左組の中央（②と③の間）を通って、自組の先頭にくる。

❷＝①番は、後ろから回し、右組の中央（⑤と⑥の間）を通って、自組の最後にくる。

❸＝⑦番は、後ろから回し、左組の中央（③と④の間）を通って、自組の先頭にくる。

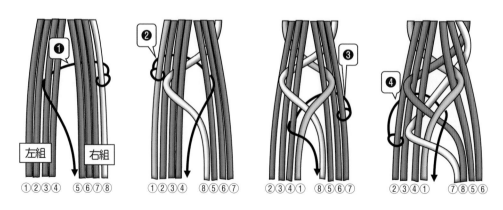

図3-60　エイト・ストランド・スクエア・センニット

（3） トゥエルブ・ストランド・スクエア・センニット (Twelve Strands Square Sennit)

右6本、左6本組に分けて編みます。16本、20本、24本でも編むことができます。索は2本一組にして揃え方6本組のようにしておくと編みやすいです。（図3-61）

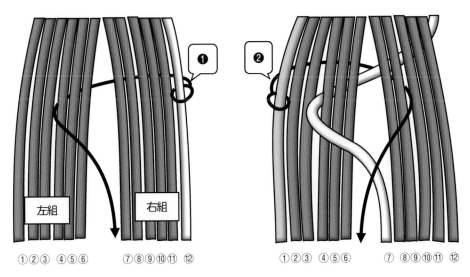

図3-61　トゥエルブ・ストランド・スクエア・センニット

（4） テン・ストランド・クーム・センニット (Ten Strands Comb Sennit)

断面が台形（くし型）になる編み方で、右5本、左5本組に分け、図3-62の❶と❷を繰り返します。揃え方6本組の、左組を1-2-2本の5本、右組を2-2-1本として編むか、全体を細索でまとめてから開始します。

❶＝⑩番は、後ろから回って、左組の内側2本を回して（③と④の間）、自組の先頭にくる。
❷＝①番は、後ろから回って、右組の内側2本を回して（⑥と⑦の間）、自組の最後にくる。

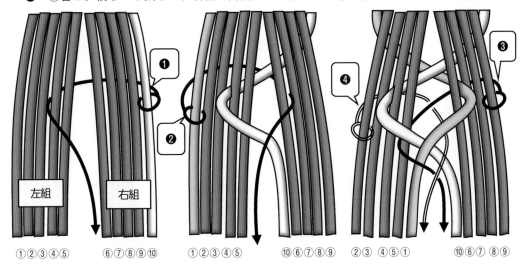

図3-62　テン・ストランド・クーム・センニット

6 変形編み (Variable Sennit)

（1），（2）はだ円形がくずれた形になります。

（1）ファイブ・ストランド・オッド・バリエーテッド・センニット (Five Strands Odd Variated Sennit)

左2本、右3本組に分け、左右異なった編み方で丸みのある変形に仕上がります。揃え方5本組から開始します。（図3-63）

❶＝⑤番は、後ろから回って、②番を回し、自組の先頭にくる。

❷＝①番は、後ろから回って、③番を回し、③番⑤番の上を通って自組の最後にくる。

以下、繰り返す。

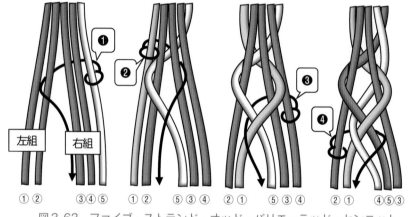

図3-63　ファイブ・ストランド・オッド・バリエーテッド・センニット

（2）シックス・ストランド・イーブン・バリエーテッド・センニット (Six Strands Even Variated Sennit)

左4本、右2本組に分け、左右異なった編み方で表と裏が異なったふくらみのある形に仕上がります。右組2本は左組より40％位長くします。揃え方6本組の右組端(⑥番)の索を、左組最後の位置に編み、左組4本とし開始します。（図3-64）

❶＝①番は、後ろから回って、相手組の1本⑤番を回し、自組の最後にくる。

❷＝⑥番は、後ろから回って、相手組の2本（④番①番）を回し、自組の先頭にくる。

以下、繰り返す。

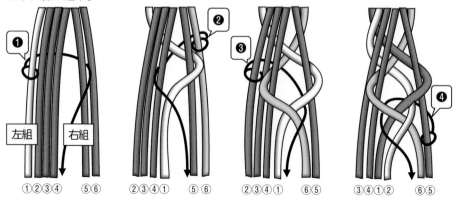

図3-64　シックス・ストランド・イーブン・バリエーテッド・センニット

（3）スクエア・ノット・アンド・ハーフ・ヒッチ・センニット
(Square Knot & Half Hitch Sennit :ねじり結び)

中心索となる2本のストランドを左右のストランドでハーフ・ヒッチをかけながら巻くもので、右回りまたは左回りにねじれて仕上がるので**ねじり結び**とも言います。

1）ライト・ハンド（右回り、Right Hand）（図3-65）

❶＝右のストランドを、中心索の後ろから左に回す。

❷＝左のストランドを、❶の索にヒッチをかけて前から通して交差させる。

以下、繰り返す。

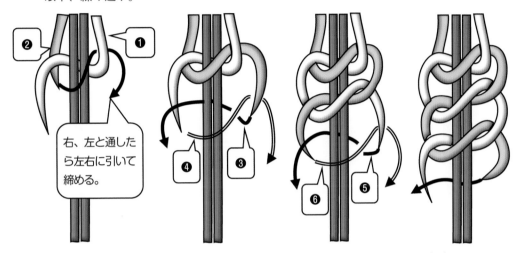

右、左と通したら左右に引いて締める。

図3-65　スクエア・ノット・アンド・ハーフ・ヒッチ・センニット（R）

2）レフト・ハンド（左回り、Left Hand）（図3-66）

❶＝右のストランドを、中心索の前から左に回す。

❷＝左のストランドを、❶の索にヒッチをかけて後ろから通して交差させる。

以下、繰り返す。

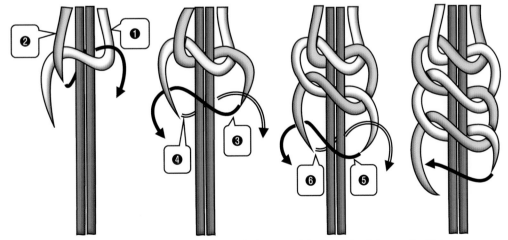

図3-66　スクエア・ノット・アンド・ハーフ・ヒッチ・センニット（L）

（4）ポーチュギーズ・スクェア・センニット (Portuguese Square Sennit : 平結び)

奇数回と偶数回でストランドの通し方が異なり、たすきがけ模様に仕上がります。**平結び**と言います。（図3-67）

❶＝１回目は、（3）−1）（121ページ参照）と同じように、右側ストランドを後ろから、左側を前から回して交差させる。

❷＝２回目は、（3）−2）（121ページ参照）と同じように、右側ストランドを前から、左側を後ろから回して交差させる。

❸＝**❶**と同じ。

❹＝**❷**と同じ。以下、繰り返す。

❸❹❺＝なお、奇数回は左側を前から（右側を後ろから）、偶数回は右側を前から（左側を後ろから）と交互に編むと作業がしやすい。

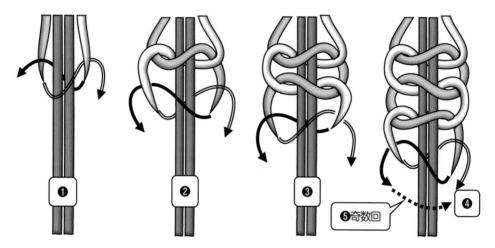

図3-67　ポーチュギーズ・スクエア・センニット

第4章 ロープの利用法
—係留索・ステージロープ・ネットの編み方から装飾的な結び

4-1 係留索の係止法 ◇◇◇◇◇◇◇◇◇◇◇◇◇◇◇◇◇◇◇◇◇◇◇◇

　船舶では、何本もの**係留索**（繊維ロープの大索、またはワイヤー・ロープ。ワイヤー・ロープの詳細は160ページ「第5章」を参照。）で船を岸壁に固定します。その作業手順の概要は、まず係留索を倉庫から取り出し、甲板上に作業がしやすいように整然と並べます。次に、

　　① 係留索の先端を陸上に送り、**ビット**（係柱）に掛ける。（先端はアイ・スプライスされている。）
　　② ウィンチで係留索を巻き、船体を岸壁に固定させる。
　　③ 係留索をストッパーで仮止めし、ウィンチの張力を解除する。
　　④ 係留索をボラード（**双係柱**）に掛け替え、作業が終了してからストッパーを外す。
という順序で行います。

　ここからは、この一連の作業中の係留索とストッパーの掛け方について説明します。

（1）係留索を岸壁のビット（係柱）に止める方法

　係留索は、通常は岸壁に設置されているビットにそのまま掛ければよいのですが、他の船が先にビットを使用している場合は上から掛けないで、他の船が先に出港するものと考えて次のように行います。（図4-1）

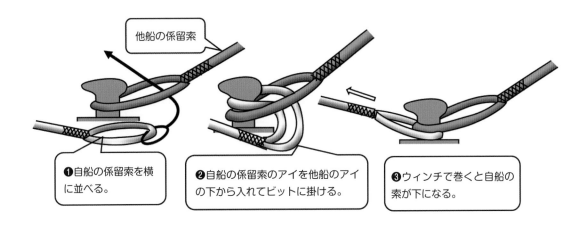

図4-1　係留索の岸壁ビットへの止め方

（2）ストッパーの掛け方

　ストッパーは、ウィンチで巻き締められて張力のかかっている係留索をボラードやビットに止めるときに、一時的にその張力を肩代わりするものです。非常に危険な作業ですから、次のような注意が必要です。

① 繊維ロープには繊維ロープの、ワイヤー・ロープにはチェーンのストッパーを使用する。

② 合成繊維ロープに、マニラ・ロープのストッパーを使用しない。

③ ストッパー作業は指揮者の命を受けて行う。係留索本体にかかっている張力をストッパーに移すときは、係留索を少しずつ緩めて、徐々にストッパーに力がかかるようにし、安全を確認してから全張力をかけ、係留索をすばやく移し替える。

④ 係留索をボラード等に移し替え、ロープが滑らないほど十分に巻かれてから指揮者の命を受けてストッパーを開放する。このときも、ストッパーの張力が一気に係留索に掛からないよう、少しずつ緩めて行う。

1）ロープ・ストッパー

　6本のストランドを丸編み（116ページ参照）した1本のものと、編みロープ2本組のものがあります。1本のものは、作業がしやすいように先端が徐々に細く編まれています。ストッパーの主部は、ロープの撚り目と同じ方向に巻きます。（図4-2）

A　1本ストッパー

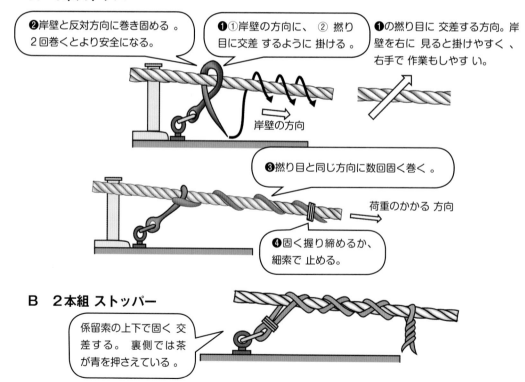

❷岸壁と反対方向に巻き固める。2回巻くとより安全になる。

❶①岸壁の方向に、②撚り目に交差するように掛ける。

❶の撚り目に交差する方向。岸壁を右に見ると掛けやすく、右手で作業もしやすい。

岸壁の方向

❸撚り目と同じ方向に数回固く巻く。

荷重のかかる方向

❹固く握り締めるか、細索で止める。

B　2本組ストッパー

係留索の上下で固く交差する。裏側では茶が青を押さえている。

図4-2　ロープ・ストッパーの掛け方

2) チェーン・ストッパー

ワイヤー・ロープにはチェーンで作られたストッパーを使用します。チェーンの先端には、チェーンを巻き固める細いロープが付いています。 ストッパーの主部は、ワイヤー・ロープの撚り目と交差する方向に巻きます。 （図4-3）

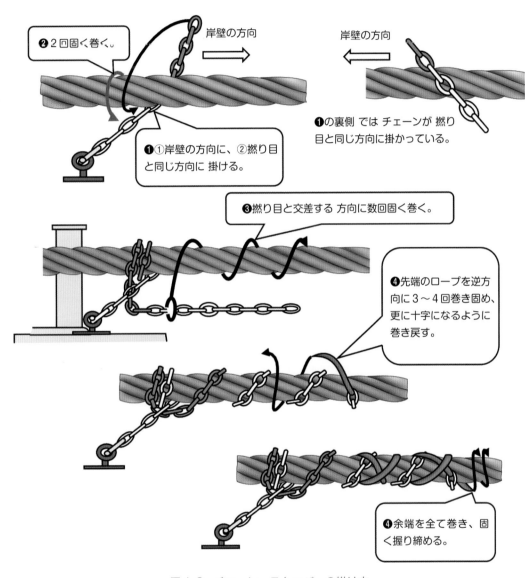

❷2回固く巻く。

岸壁の方向

岸壁の方向

❶①岸壁の方向に、②撚り目と同じ方向に 掛ける。

❶の裏側 では チェーンが 撚り目と同じ方向に 掛かっている。

❸撚り目と交差する 方向に数回固く巻く。

❹先端のロープを逆方向に3～4回巻き固め、更に十字になるように巻き戻す。

❹余端を全て巻き、固く握り締める。

図4-3　チェーン・ストッパーの掛け方

（3）ボラード（双係柱）への止め方

ボラードは、ロープを掛ける柱が2本1組になっています。直立のものが多いですがV字型のものもあります。係留索の張力が完全にストッパーにかかった後、ウィンチ側のロープを柱にしっかりすばやく巻き込みます。

1）繊維ロープ

注意する点は、下方に詰めてしっかり巻くことです。（図4-4）

〈 上から見たボラード 〉

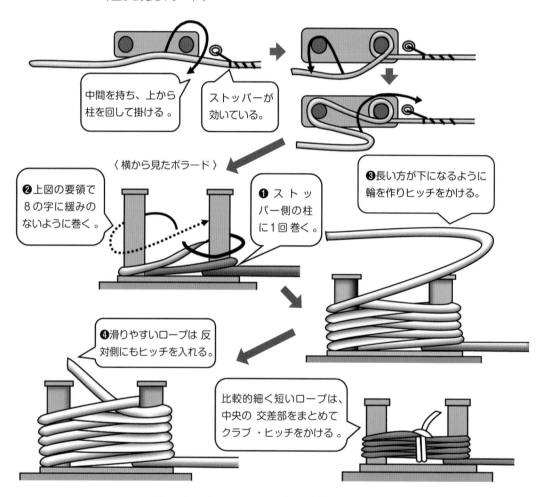

中間を持ち、上から柱を回して掛ける。

ストッパーが効いている。

〈 横から見たボラード 〉

❷上図の要領で8の字に緩みのないように巻く。

❶ストッパー側の柱に1回巻く。

❸長い方が下になるように輪を作りヒッチをかける。

❹滑りやすいロープは反対側にもヒッチを入れる。

比較的細く短いロープは、中央の交差部をまとめてクラブ・ヒッチをかける。

図4-4　ボラードへの止め方（繊維ロープ）

2）ワイヤー・ロープ

　ワイヤー・ロープは反発するので十分に注意して作業を行います。また、太くて新しいマニラ・ロープも同じように巻くことがあります。（図4-5）

〈 上から見たボラード 〉　　　　　　　　　　〈 横から見たボラード 〉

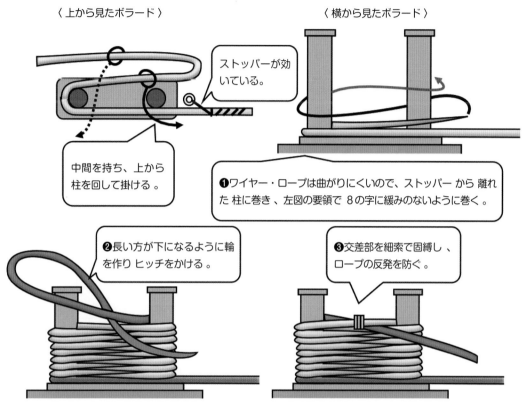

　ストッパーが効いている。

　中間を持ち、上から柱を回して掛ける 。

　❶ワイヤー・ロープは曲がりにくいので、ストッパー から 離れた 柱に巻き、左図の要領で 8の字に緩みのないように巻く。

　❷長い方が下になるように輪を作り ヒッチをかける 。

　❸交差部を細索で固縛し 、ロープの反発を防ぐ。

図4-5　ボラードへの止め方（ワイヤー・ロープ）

---

column
10

シージング(Seizing)とラッシング(Lashing)

　シージングとは、繊維ロープの場合、普通、添わせた２本のロープが動かないように細索で固く巻くこと（シングル・キャリックベンド、62ページ参照）を言います。また、丸太などに添わせた太いロープを細索で固く巻くときなどもシージングと言います。

　ワイヤー・ロープは、シージング・ワイヤーという細い軟鉄やステンレスの針金でシージングします。また、ワイヤー・ロープの先端の切断部でストランドが解けないように固く巻くこともシージングと言います。

　ラッシングとは、航海中の荷崩れを防ぐために、繊維ロープやワイヤー・ロープ、チェーン等で固縛することを言いますが、船では風や揺れで物が移動しないように固縛することを総じて「ラッシングする。」と言っています。

（4）クロス・ビット（十字型係柱）への止め方

　クロス・ビットは中・小型船や桟橋などに設置されています。係留索の止め方には 次の２種類があります。（図4-6）

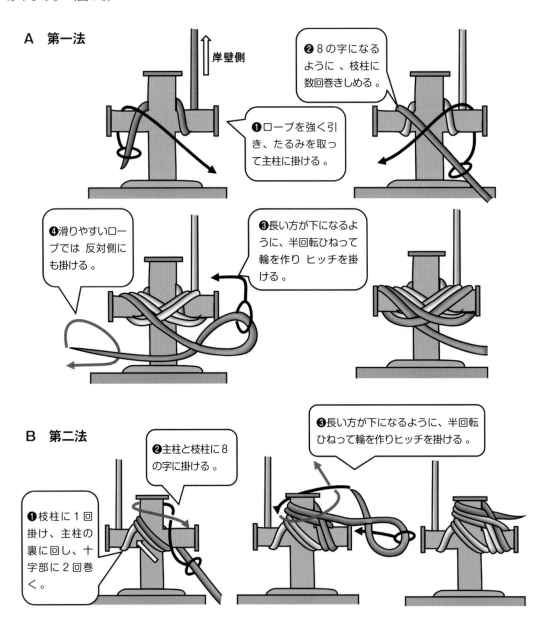

A　第一法

岸壁側

❷８の字になる
ように 、枝柱に
数回巻きしめる。

❶ロープを強く引
き、たるみを取っ
て主柱に掛ける。

❹滑りやすいロー
プでは 反対側に
も掛ける。

❸長い方が下になるよ
うに、半回転ひねって
輪を作り ヒッチを掛
ける。

B　第二法

❷主柱と枝柱に８
の字に掛ける。

❸長い方が下になるように、半回転
ひねって輪を作りヒッチを掛ける 。

❶枝柱に１回
掛け、主柱の
裏に回し、十
字部に２回巻
く。

図4-6　クロス ・ビットへの止め方

（5）小型ビット（係柱）への止め方

　係柱が1本のものを総称して**ビット**と言い、大小の区別はありません。中・小型船が使用する小型のビットは円柱状のもので、船舶や岸壁、桟橋などに設置されています。太いロープを**係留索**と言うのに対し、細いロープは**係船索**、ビットも**係船柱**と言うことがあります。

　係船索をビットに止めるには、張力がかかっていても容易に解くことのできるバージーズ・ヒッチが多く用いられます（図4-7）。また、クラブ・ヒッチ（14ページ参照）を柱の上から掛け、さらにハーフ・ヒッチ（12ページ参照）を掛けることもあります。陸上のビットにボーライン・ノット（35ページ参照）を掛けることもありますが、船の揺れで外れることもあります。

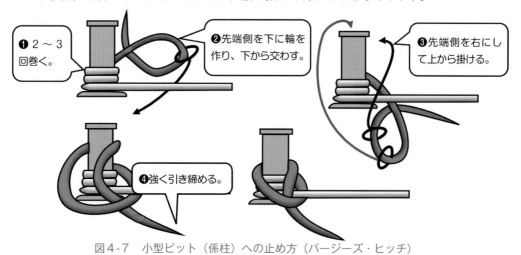

❶2～3回巻く。

❷先端側を下に輪を作り、下から交わす。

❸先端側を右にして上から掛ける。

❹強く引き締める。

図4-7　小型ビット（係柱）への止め方（バージーズ・ヒッチ）

（6）クリートへの止め方

　一般にクリートに止めるロープは繊維ロープですが、太いものは使用されません。細いワイヤー・ロープを止めるときは、最後に細索で**ラッシング**（固縛）し、ロープが外れないようにしておきます。（図4-8）

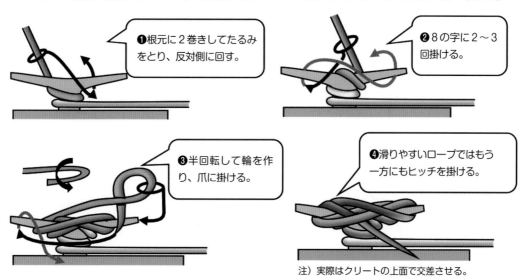

❶根元に2巻きしてたるみをとり、反対側に回す。

❷8の字に2～3回掛ける。

❸半回転して輪を作り、爪に掛ける。

❹滑りやすいロープではもう一方にもヒッチを掛ける。

注）実際はクリートの上面で交差させる。

図4-8　クリートへの止め方

（7）その他のロープの結び方

1）ステージ・ロープの結び方

ステージは、中、大型船で舷外やハウス回りの応急的な塗装などの作業をするときに、甲板上から吊るして使用されます。2本の吊り索は、横木から1～1.2m程度の位置でステージが水平になるようにボーライン・ノット（35ページ参照）で結び、1本にしてハンド・レール（鉄パイプの手すり）に固縛します。作業中は甲板上に見張り員を置き、万一の転落に備え安全ベルトを吊り索に掛けておきます。

第一法は最も一般的な結び方です。第二法はマーリン・スパイキ・ヒッチ（20ページ参照）を応用したもので、横木のない道板を船から陸岸に渡すときにもよくもちいられます。（図4-9）

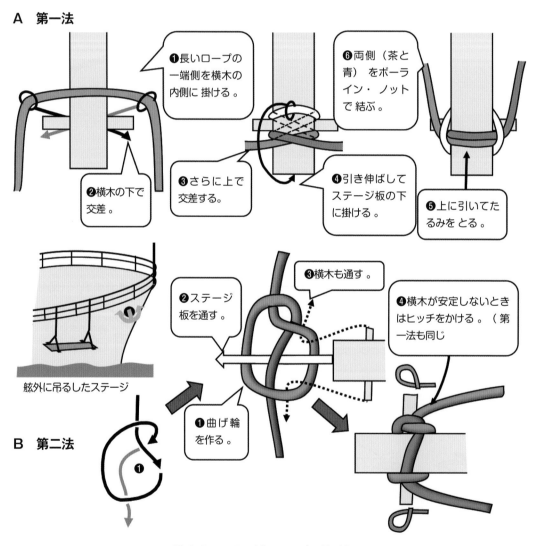

図4-9　ステージ・ロープの結び方

２）ネット（網）の編み方

　ネット（網）は、ロープと同様に漁網や防護ネットなど広範囲な分野で使用されていますが、これらは機械で編まれています。しかし、ネットの補修は人の手で行わなければなりません。また、ハンモックやたも網を作成することもできます。

① 用　具

　網糸（あみいと）のほかに、図4-10のような**網針**（あばり）と、目の大きさをそろえる**目板**（めいた）（木製）が必要になります。網針と目板は網目の大きさによって使い分けますが、目板は手の幅くらい、網針はそれより指２本分くらい長いものが使いやすいです。

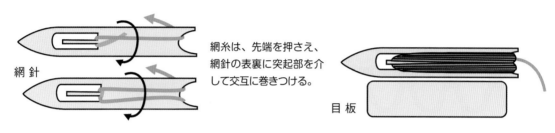

網針

網糸は、先端を押さえ、網針の表裏に突起部を介して交互に巻きつける。

目板

図4-10　網針と目板

② 編み方

　編み方には、「**本目編み**」（ほんめあ）と「**蛙又編み**」（かえるまたあ）の２種類があります。緊張したロープや枠に編むには、最初にカウ・ヒッチ（またはクラブ・ヒッチ）で必要な数の輪を作り、次に右手に網針、左手に目板を持ち、左から右に編み進みます。端にきたら裏返して再び左から右に編みます。どちらの編み方も**縁綱**を作って編み始める方法と、網を作ってから縁綱に取り付ける方法があります。

Ａ　本目編み

本目編みは仕上がりがきれいですが、多方から力が加わると「目くずれ」しやすい欠点があります。

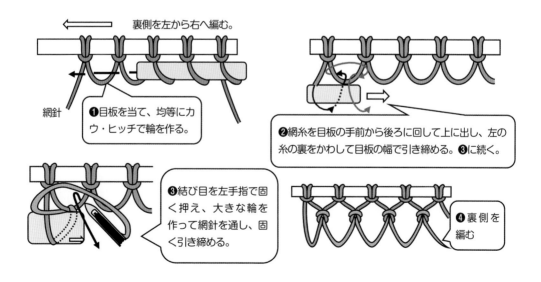

裏側を左から右へ編む。

網針

❶目板を当て、均等にカウ・ヒッチで輪を作る。

❷網糸を目板の手前から後ろに回して上に出し、左の糸の裏をかわして目板の幅で引き締める。❸に続く。

❸結び目を左手指で固く押え、大きな輪を作って網針を通し、固く引き締める。

❹裏側を編む

図4-11　本目編み

B 蛙又編み

蛙又編みは、早く編めて結びがしっかりしています。

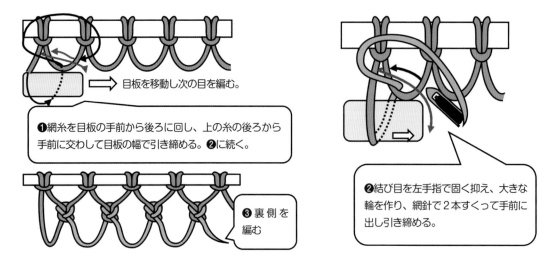

目板を移動し次の目を編む。

❶網糸を目板の手前から後ろに回し、上の糸の後ろから手前に交わして目板の幅で引き締める。❷に続く。

❷結び目を左手指で固く抑え、大きな輪を作り、網針で2本すくって手前に出し引き締める。

❸裏側を編む

図4-12 蛙又編み

C 網糸のつなぎ方

網糸を途中でつなぐときは、継ぎ糸を結び目に沿って通し、端を少し出して結び目を固く締めます。

継ぎ糸

継ぎ糸

図4-13 網糸のつなぎ方

D 目の増やし方と減らし方

目を増やすときは同じ場所に目を2つ作り、減らすときは2つの目を重ねて糸を通して行います。蛙又編みも同じように行います。

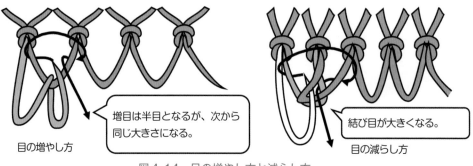

増目は半目となるが、次から同じ大きさになる。

結び目が大きくなる。

目の増やし方

目の減らし方

図4-14 目の増やし方と減らし方

4-2　タークス・ヘッド ◇◇◇◇◇◇◇◇◇◇◇◇◇◇◇◇◇◇◇◇◇◇◇◇◇◇◇

　タークス・ヘッドは、船舶において**防舷物（フェンダー）**や鉄柱の飾りを兼ねた緩衝材として使用されてきましたが、今日では釣り竿や杖などの円材に装飾用として使用されています。木製の桶や樽にはめる竹製のたがに似ていることから、**たが結び**と言われています。

　リーズ（ロープが対象物を周回する回数）と**バイト**（タークス・ヘッドの両側にできる扇形の数）によって、様々な組み合わせがあります。リーズが少ないと見栄えがよくなく、多すぎると締めるのが大変ですので、円材の大きさ（太さ）とロープの太さから組数を決めます。また、ロープは普通、二重または三重にします。

　円材に巻いたものを抜き取りそのまま平に広げると、置物の下敷きになるなど応用すれば用途は多い結びです。

　（注）▷ は最新、▭ は直前の作業を示している。仕上がるとロープは必ず上下に交差する。根元の開始位置やバイト部分の要所をビニール・テープやピンで固定しておくと作業がしやすい。

（1）タークス・ヘッド・オブ・スリー・リーズ (Turk's Head of Three Leads)

　リーズが3列のタークス・ヘッドです。

1）スリー・リーズ・フォー・バイツ (Three Leads Four Bites)（図4-15、4-16）

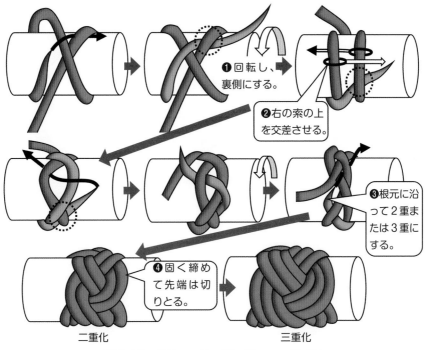

❶回転し、裏側にする。

❷右の索の上を交差させる。

❸根元に沿って2重または3重にする。

❹固く締めて先端は切りとる。

二重化　　　　　三重化

図4-15　スリー・リーズ・フォー・バイツ

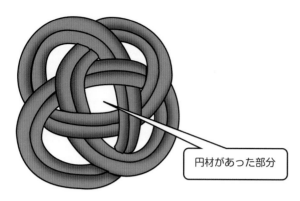

二重化したタークス・ヘッドから円材を抜き取ると筒状になる。筒の一方の円を中心に向かって縮め、もう一方の円を外周に向けて広げ形を整えたものである。すき間のないように締めた後、余端をマット作成と同じように裏面で切りとり、解けないように軽く縫い付けて完成する。（図4-21参照）

円材があった部分

図4-16 スリー・リーズ・フォー・バイツの展開

2） スリー・リーズ・ファイブ・バイツ（Three Leads Five Bites）（図4-17）

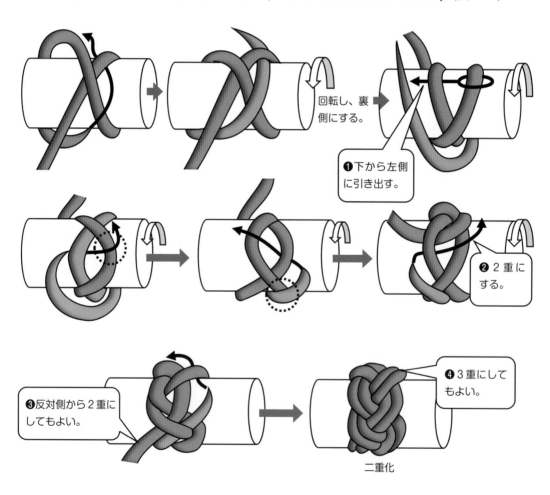

回転し、裏側にする。

❶下から左側に引き出す。

❷2重にする。

❸反対側から2重にしてもよい。

❹3重にしてもよい。

二重化

図4-17 スリー・リーズ・ファイブ・バイツ

（２）タークス・ヘッド・オブ・フォー・リーズ・ファイブ・バイツ（Turk's Head of Four Leads Five Bites）

リーズが４列、扇形が５個になるタークス・ヘッドです。（図4-18）

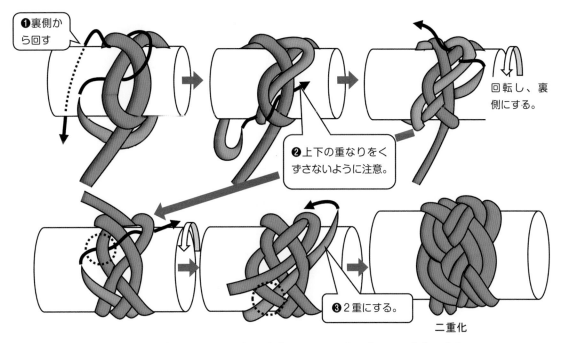

図4-18 タークス・ヘッド・オブ・フォー・リーズ・ファイブ・バイツ

（３）タークス・ヘッド・オブ・ファイブ・リーズ・フォー・バイツ（Turk's Head of Five Leads Four Bites）

リーズが５列、扇形が４個になるタークス・ヘッドです。（図4-19、4-20、4-21）

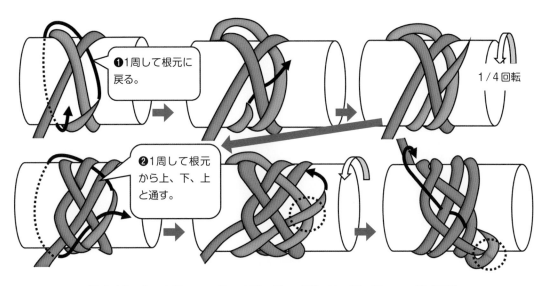

図4-19 タークス・ヘッド・オブ・ファイブ・リーズ・フォー・バイツ①

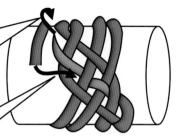

❸全体を編み目模様に整えてから根元索に沿って2重にする。

❹反対側から2重にしてもよい。

二重化

図4-20　タークス・ヘッド・オブ・ファイブ・リーズ・フォー・バイツ②

編みあがったタークス・ヘッドから円材を抜き、マット状にしたもの。

図4-21　タークス・ヘッド・オブ・ファイブ・リーズ・フォー・バイツの展開

---

column
11

マットを編む

　マット編みは、この第4章で説明しているようにいろいろな場所で利用できます。

　玄関マットにする場合は、16～20mm程度の太いロープが適しますが、テーブルに置く場合などは、6mm以下のものを3重以上にするとよいでしょう。

　スクエア・マット・ウィーブ②（143ページ）は拡大できるので便利です。

　ロープは、クレモナが扱いやすく、コットンは接触感がよく落ち着いています。マニラ・ロープも置き場所によっては味わいがあります。なお、ナイロンは豪華ですが芯がなく作業には不適です。

ラウンド・マット・ウィーブ②

（４）タークス・ヘッド・オブ・シックス・リーズ・ファイブ・バイツ (Turk's Head of Six Leads Five Bites)
リーズが６列、扇形が５個になるタークス・ヘッドです。（図4-22、4-23）

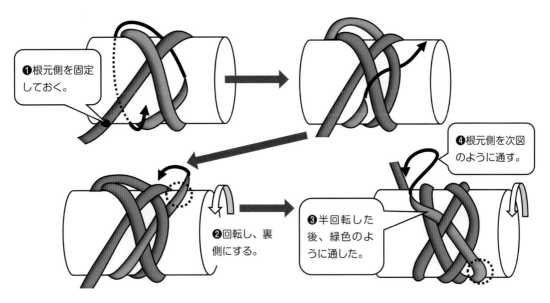

❶根元側を固定しておく。

❹根元側を次図のように通す。

❷回転し、裏側にする。

❸半回転した後、緑色のように通した。

図4-22　タークス・ヘッド・オブ・シックス・リーズ・ファイブ・バイツ①

column
12

ノット・ボードを作ってみよう

　ノット・ボードは、板（ボード）の上にいろいろな結び（ノット）を飾り付けたもので、誰でも簡単にできます。

　板は、合板やコルクの１枚板を勧めます。合板の場合は、あらかじめニスを塗っておきます。周囲は、３〜４種類の好みのセンニット編みで飾ります。右（左）下隅でセンニットの端を合流し、マット編みや飾り結びで覆います。他の隅も編曲しますので同じように覆います。なお、センニットのストランドは、周囲の長さの1.5倍くらい必要です。

　作品には英語の名称を付けます。貼り付けは、接着剤で行いますが、合成繊維はそれに適したものを選びます。瞬間接着剤は不適です。

　ボードの周囲に薄板を貼って縁を高くしたり、側面もセンニット編みで飾るとより豪華になります。

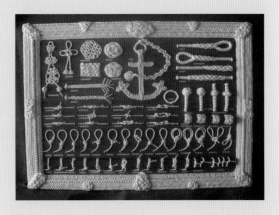

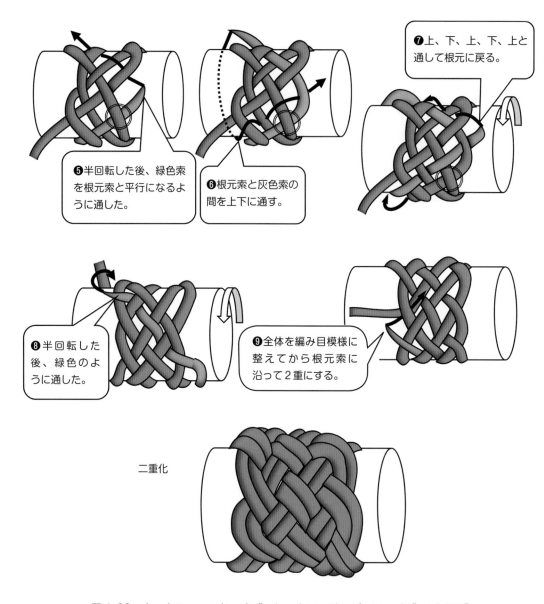

⑤ 半回転した後、緑色索を根元索と平行になるように通した。

⑥ 根元索と灰色索の間を上下に通す。

⑦ 上、下、上、下、上と通して根元に戻る。

⑧ 半回転した後、緑色のように通した。

⑨ 全体を編み目模様に整えてから根元索に沿って2重にする。

二重化

図4-23　タークス・ヘッド・オブ・シックス・リーズ・ファイブ・バイツ②

（5）　スタンディング・タークス・ヘッド（フット・ロープ・ノット）
(Standing Turk's Head / Foot Rope Knot)

高い所から降りるときの**命綱（ライフ・ライン）**の中間に、滑り止めとして適当な間隔で多数作っ
ておくと効果的です。（図4-24）

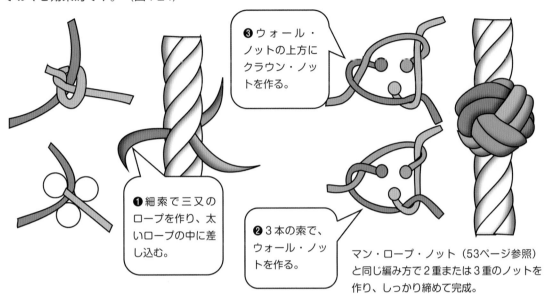

❸ウォール・ノットの上方にクラウン・ノットを作る。

❶細索で三又のロープを作り、太いロープの中に差し込む。

❷3本の索で、ウォール・ノットを作る。

マン・ロープ・ノット（53ページ参照）と同じ編み方で2重または3重のノットを作り、しっかり締めて完成。

図4-24　スタンディング・タークス・ヘッド

（6）　タークス・ヘッドと飾り結び

タークス・ヘッドは他の結びと連結することもできます。（図4-25）

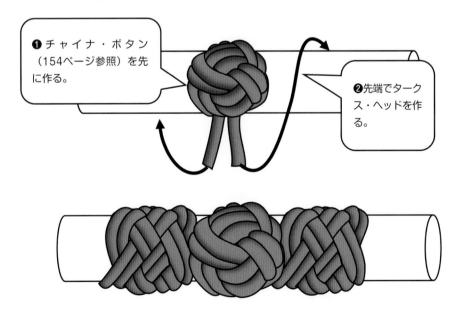

❶チャイナ・ボタン（154ページ参照）を先に作る。

❷先端でタークス・ヘッドを作る。

図4-25　タークス・ヘッドと飾り結び

4-3 マット編み ◇◇◇◇◇◇◇◇◇◇◇◇◇◇◇◇◇◇◇◇◇◇◇◇◇◇◇◇

　ロープで編んだマットは、花瓶などの置物の下敷き、玄関の足拭きマットなどにも使用されますが、実用性より装飾用に作られることが多いです。円形、四角形、長四角形、楕円形などがあります。

　2重、3重またはそれ以上に編むことが多いので、重数に応じ余裕を持たせて1回目を作成します。

（1） 多重化と先端の処理

1） 多重化

　2重目以降は両方の先端を使って編みますが、余端の長い方を内側に沿わせると作業がしやすいです。左回りの場合は、マットを裏返すと右回りになります。最後は両端を作品の中央付近にそろえ、しっかり締めて、木槌等で表面を軽くたたいて平面に仕上げます。

キャリック・マット

❶初めに大きめに作り、3重化であれば2重の後、5重化以上では3重の後、白ロープ側を→の方向に巻き戻し、全体の大きさに合わせて小さくする。

❷白と緑の両端から編み込み、1周回ごとに❶の作業をする。

❸最後に、できた小さな隙間は両端に向かって3〜4回に分けて埋める。

※左図のキャリック・マットの3重編みの場合、10mmロープで完成時に約2.5m、ラウンド・マット・ウィーブ①（図4-28）では、3重で約3m、4重で約5m要します。

2） 先端等の処理法

　先端が抜けるのを防ぐため、裏面で、装飾用であればA図のように、太いロープであればB、C図のように処理し残りは切り捨てます。（図4-26）

表（キャリック・マット）

先端

裏

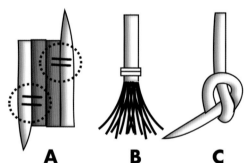

A　B　C

A　針と糸、または**ニードル**[*17]と**トゥワイン**[*18]で、マット本体と先端をつなぎ止める。

B　ロープをホイッピングして、長めにしたストランドをほぐしておく。

C　裏側に出た先端の根元をオーバーハンド・ノットで止める。

D　多重に編んでロープがくずれるときは、本体の要所をトゥワインでつなぎ合わせておく。

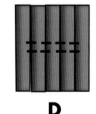

D

図4-26　多重化と先端の処理

＊17 ニードル…セール（帆布、キャンバス）を縫う専用の針で、先端は三角形のテーパー状（径、幅、厚みが先細りになっていること）で鋭く尖っている。帆布の厚さに応じ、大小たくさんの種類があります。

＊18 トゥワイン…セールを縫う専用の糸（右写真参照）。麻や綿の糸のほかに合成繊維のものもあります。

（2） キャリック・マット （ Carrick Mat ）

周囲のふち（丸みを帯びた部分）が４つの円形（四角形）マットで比較的簡単に作ることができます。テーブルなどの足あてに適しています。３重以上にすると一層見栄えがよくなります。（図4-27）

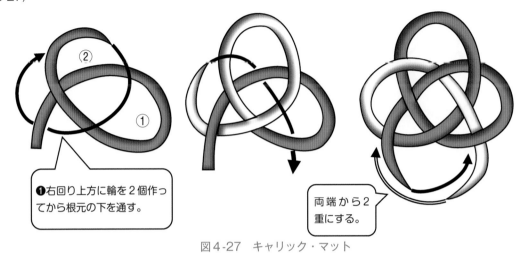

❶右回り上方に輪を２個作ってから根元の下を通す。

両端から２重にする。

図4-27　キャリック・マット

（3） ラウンド・マット・ウィーブ① （ Round Mat Weave ① ）

周囲のふちが５つの円形マットです。３重以上にするといいです。（図4-28）

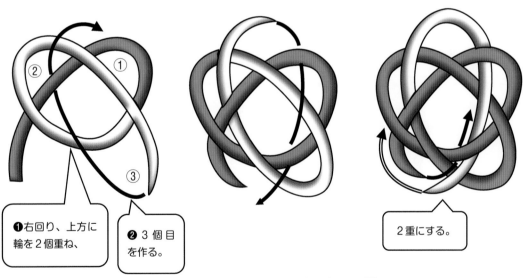

❶右回り、上方に輪を２個重ね、

❷３個目を作る。

２重にする。

図4-28　ラウンド・マット・ウィーブ①

（4）ラウンド・マット・ウィーブ②（Round Mat Weave ②）

周囲のふちが5つの円形マットです。3重以上にするといいです。（図4-29）

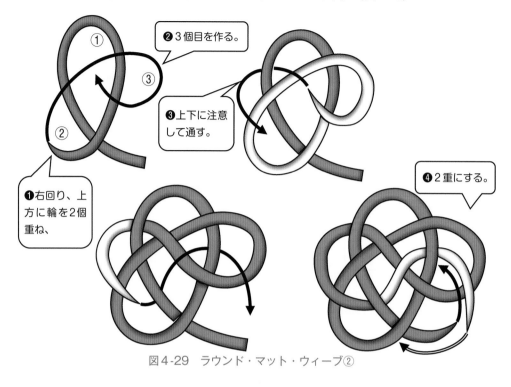

❷3個目を作る。

❸上下に注意して通す。

❶右回り、上方に輪を2個重ね、

❹2重にする。

図4-29 ラウンド・マット・ウィーブ②

（5）スクエア・マット・ウィーブ①（Square Mat Weave ①）

周囲のふちが縦3横3の正方形になりますが、締め方を調節すると円形にすることもできます。3重以上にするといいです。（図4-30）

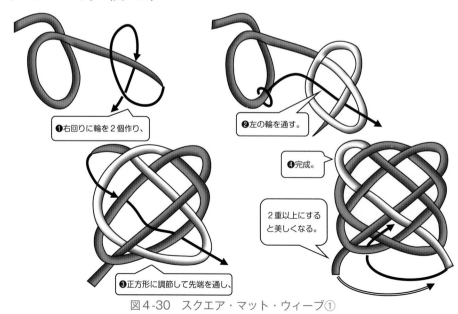

❶右回りに輪を2個作り、

❷左の輪を通す。

❹完成。

2重以上にすると美しくなる。

❸正方形に調節して先端を通し、

図4-30 スクエア・マット・ウィーブ①

（6）スクエア・マット・ウィーブ②　（Square Mat Weave ②）

マットの大きさを任意に拡大できる編み方です。図4-31 **A**→**B**→**C**と拡大していきます。

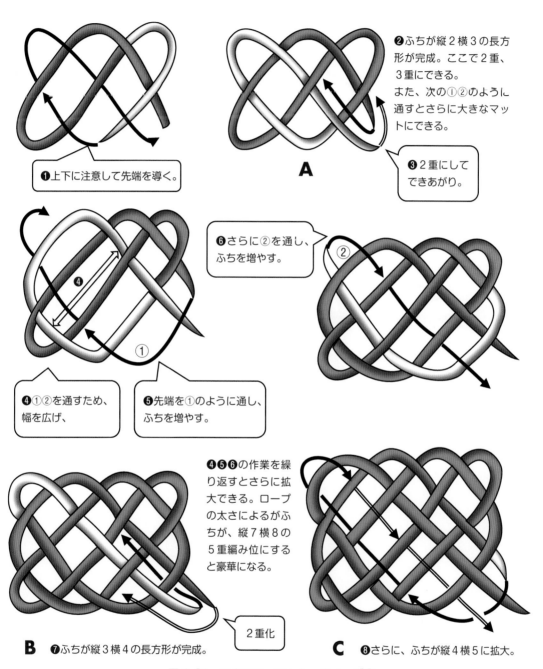

❶上下に注意して先端を導く。

A

❷ふちが縦2横3の長方形が完成。ここで2重、3重にできる。
また、次の①②のように通すとさらに大きなマットにできる。

❸2重にしてできあがり。

❻さらに②を通し、ふちを増やす。

④

②

①

❹①②を通すため、幅を広げ、

❺先端を①のように通し、ふちを増やす。

❹❺❻の作業を繰り返すとさらに拡大できる。ロープの太さによるがふちが、縦7横8の5重編み位にすると豪華になる。

2重化

B　❼ふちが縦3横4の長方形が完成。

C　❽さらに、ふちが縦4横5に拡大。

図4-31　スクエア・マット・ウィーブ②

（7）スクエア・マット・ウィーブ③（Square Mat Weave③）

左右に４つのふちのある長方形ができます。（図4-33）

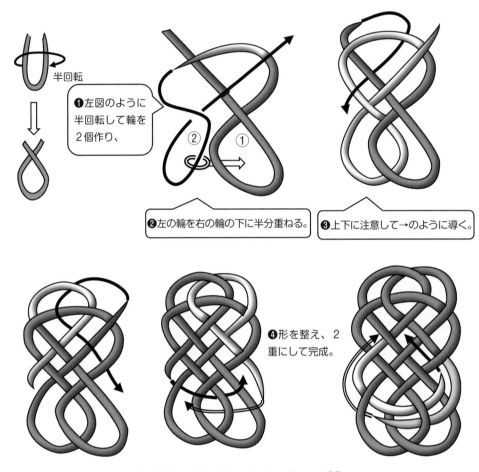

半回転

❶左図のように半回転して輪を２個作り、

②　①

❷左の輪を右の輪の下に半分重ねる。

❸上下に注意して→のように導く。

❹形を整え、２重にして完成。

図4-32　スクエア・マット・ウィーブ③

（8）ナポレオン・ベンド・マット・ウィーブ（Napoleon Bend Mat Weave）

左右に３つと上下にふちがある楕円形のマットになります。（図4-31）

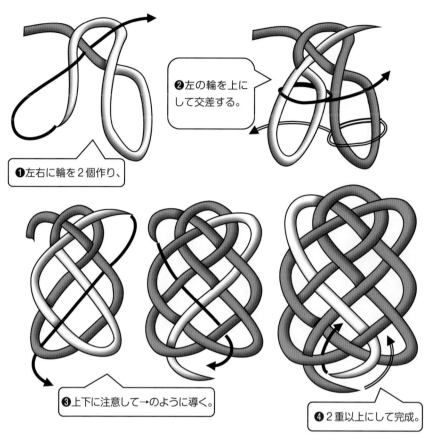

❷左の輪を上にして交差する。

❶左右に輪を２個作り、

❸上下に注意して→のように導く。

❹２重以上にして完成。

図4-33　ナポレオン・ベンド・マット・ウィーブ

（9）シングル・クイーン・アン・マット（Single Queen Ann Mat）

細長い長方形に仕上がります。

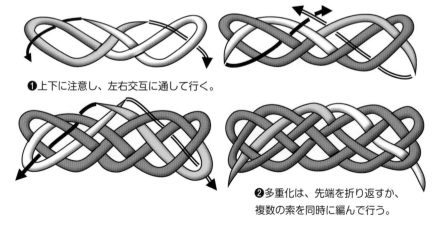

❶上下に注意し、左右交互に通して行く。

❷多重化は、先端を折り返すか、複数の索を同時に編んで行う。

図4-34　シングル・クイーン・アン・マット

(10) セーラーズ・トゥルー・ラバー・マット・ウィーブ (Sailor's True Laver Mat Weave)

左右に４つと上下にふちがある楕円形のマットになります。（図4-34）

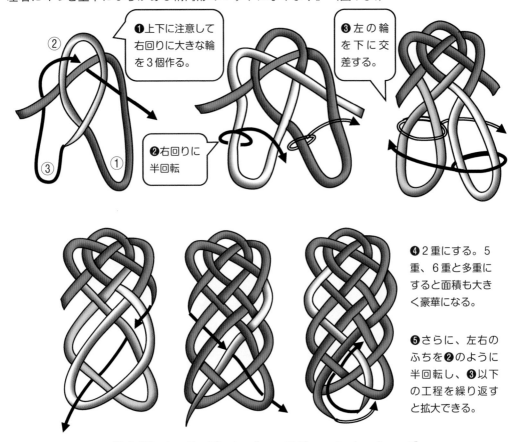

❶上下に注意して右回りに大きな輪を3個作る。

❷右回りに半回転

❸左の輪を下に交差する。

❹２重にする。5重、6重と多重にすると面積も大きく豪華になる。

❺さらに、左右のふちを❷のように半回転し、❸以下の工程を繰り返すと拡大できる。

図4-35　セーラーズ・トゥルー・ラバー・マット・ウィーブ

(11) ペルシアン・マット・ウィーブ (Persian Mat Weave)

正方形のマットになります。（図4-35）

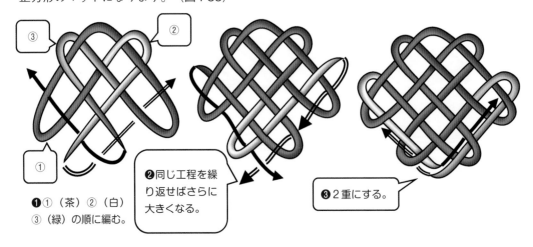

❶①（茶）②（白）③（緑）の順に編む。

❷同じ工程を繰り返せばさらに大きくなる。

❸２重にする。

図4-36　ペルシアン・マット・ウィーブ

（12）ターキッシュ・ラウンド・マット（Turkish Round Mat）

　網目模様の円形のマットができます。ロープを板の上に置き要所をピン止めして、上下に注意して作業します。（図4-36）

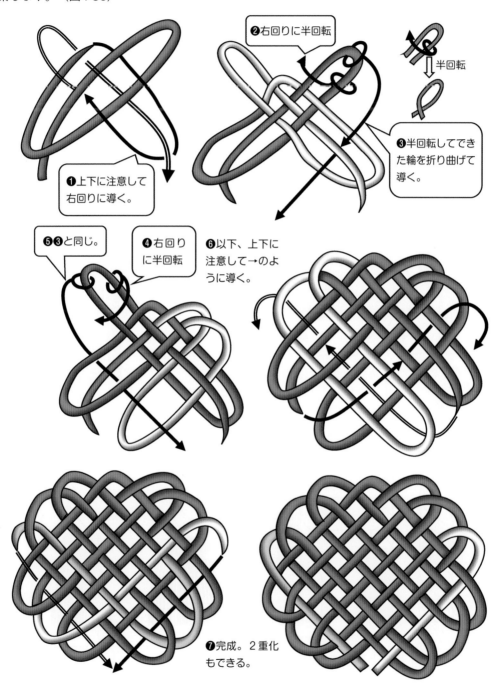

図4-37　ターキッシュ・ラウンド・マット

4-4 　飾り結び ◇◇◇

飾り結びは、日本の伝統的な結びや外国から入ったものなどその種類は無数にあり、またその名称も一定していないものが少なくありません。ここでは、ノット・ボード作成によいと思われるものを選んでみました。

（1）あげ巻き結び

古くからよく用いられた飾り結びで、大相撲の土俵の房や神社の神前幕などに用いられています。(図4-37)

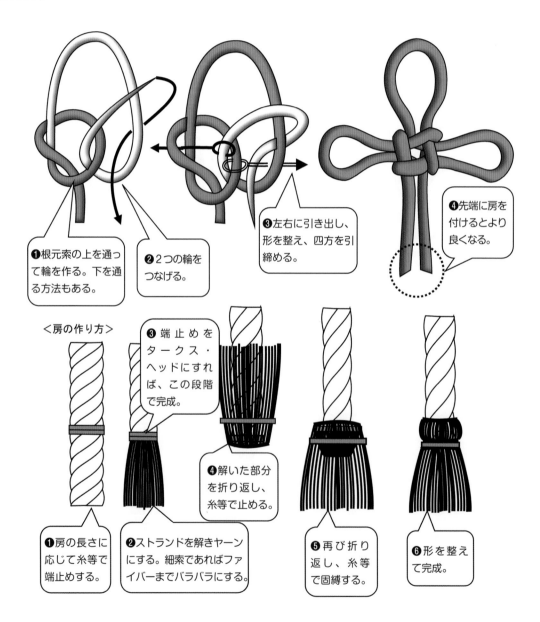

❶根元索の上を通って輪を作る。下を通る方法もある。

❷2つの輪をつなげる。

❸左右に引き出し、形を整え、四方を引締める。

❹先端に房を付けるとより良くなる。

＜房の作り方＞

❸端止めをタークス・ヘッドにすれば、この段階で完成。

❹解いた部分を折り返し、糸等で止める。

❶房の長さに応じて糸等で端止めする。

❷ストランドを解きヤーンにする。細索であればファイバーまでバラバラにする。

❺再び折り返し、糸等で固縛する。

❻形を整えて完成。

図4-38　あげ巻き結び

（2）かけ帯結び

あげまき結びに似ていますが、２つの輪がつながっていません。強く引き締めないことです。
（図4-38）

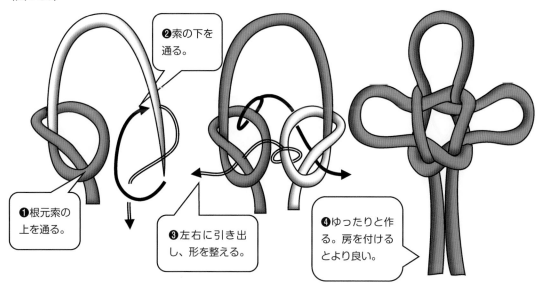

❶根元索の上を通る。

❷索の下を通る。

❸左右に引き出し、形を整える。

❹ゆったりと作る。房を付けるとより良い。

図4-39　かけ帯結び

（3）けまん結び（同心結び）

仏具の「華鬘(けまん)」をさげる紐の結び方で、**同心結び**とも言います。強く引き締めず、ゆったりと作ります。（図4-39）

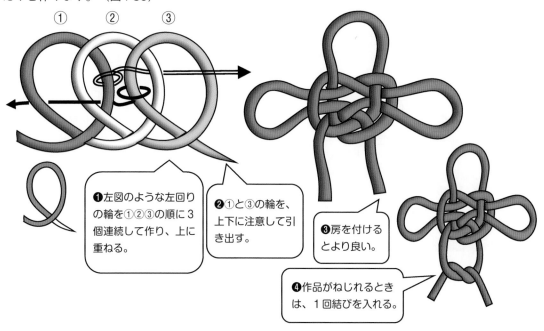

①　②　③

❶左図のような左回りの輪を①②③の順に3個連続して作り、上に重ねる。

❷①と③の輪を、上下に注意して引き出す。

❸房を付けるとより良い。

❹作品がねじれるときは、1回結びを入れる。

図4-40　けまん結び

（4）荘厳結び

鎧兜の飾りに用いられます。強く引き締めずゆったりと作ります。（図4-40）

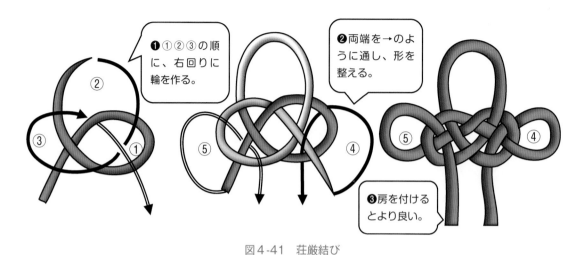

図4-41　荘厳結び

（5）イングリッシュ・ダイヤモンド・ノット（English Diamond Knot）

輪の部分を長くすれば笛の飾り紐などに適用できます。（図4-41）

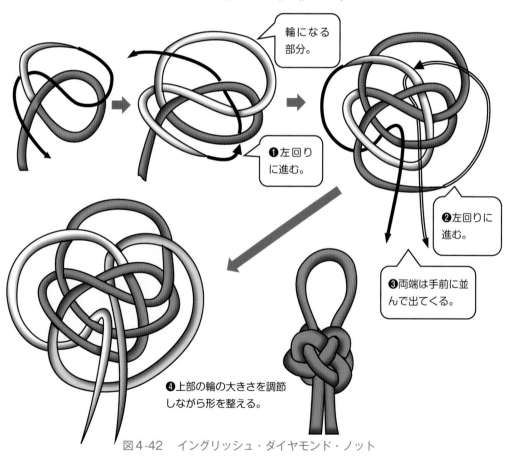

図4-42　イングリッシュ・ダイヤモンド・ノット

（6）ボースンズ・ラニヤード・ノット (Boatswain's Lanyard Knot)

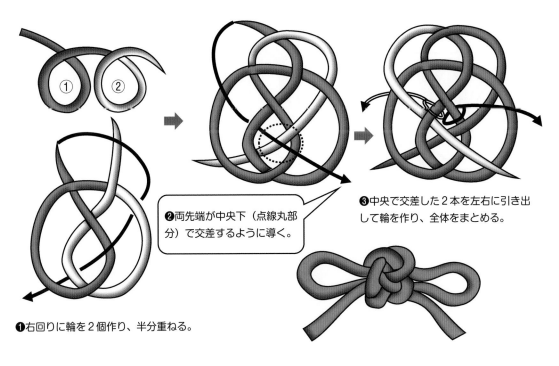

②両先端が中央下（点線丸部分）で交差するように導く。

③中央で交差した2本を左右に引き出して輪を作り、全体をまとめる。

❶右回りに輪を2個作り、半分重ねる。

図4-43　ボースンズ・ラニヤード・ノット

（7）玉結び

　紐の一端が止められていても、もう一端だけで結ぶことができます。連続して作ることもできます。（図4-43）

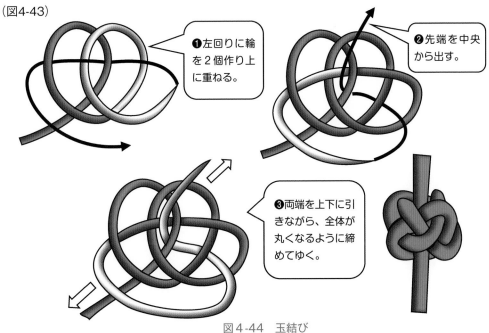

❶左回りに輪を2個作り上に重ねる。

❷先端を中央から出す。

❸両端を上下に引きながら、全体が丸くなるように締めてゆく。

図4-44　玉結び

（8）四つ葉結び

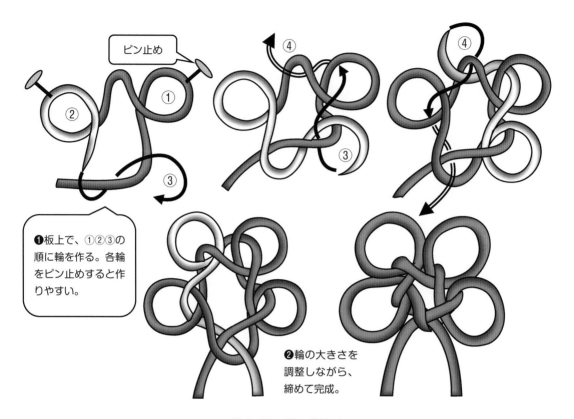

ピン止め

①

②

③

④

③

④

❶板上で、①②③の順に輪を作る。各輪をピン止めすると作りやすい。

❷輪の大きさを調整しながら、締めて完成。

図4-45　四つ葉結び

（9）エイト・パート・ボタン（ Eight Part Button ）

飾りボタンに用いられる結びです。（図4-45）

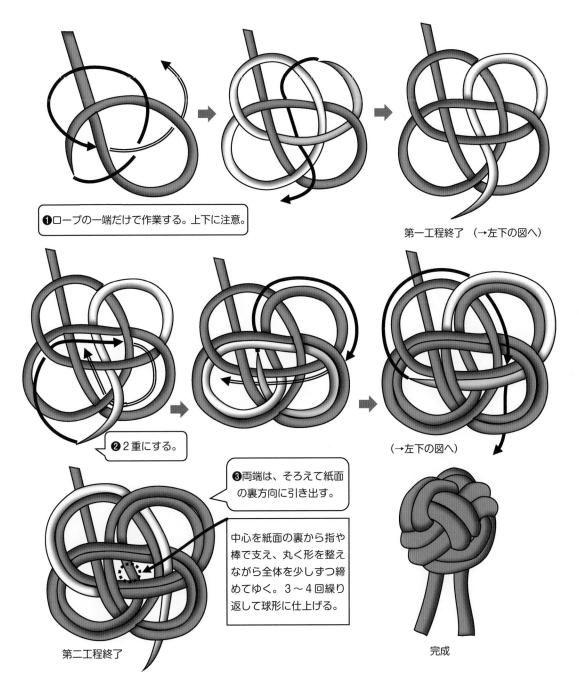

❶ロープの一端だけで作業する。上下に注意。

第一工程終了　（→左下の図へ）

❷2重にする。

（→左下の図へ）

❸両端は、そろえて紙面の裏方向に引き出す。

中心を紙面の裏から指や棒で支え、丸く形を整えながら全体を少しずつ締めてゆく。3〜4回繰り返して球形に仕上げる。

第二工程終了

完成

図4-46　エイト・パート・ボタン

（10）チャイナ・ボタン（ China Button ）

チャイナ・ボタンにはたくさんの種類があり、その一つです。（図4-46）

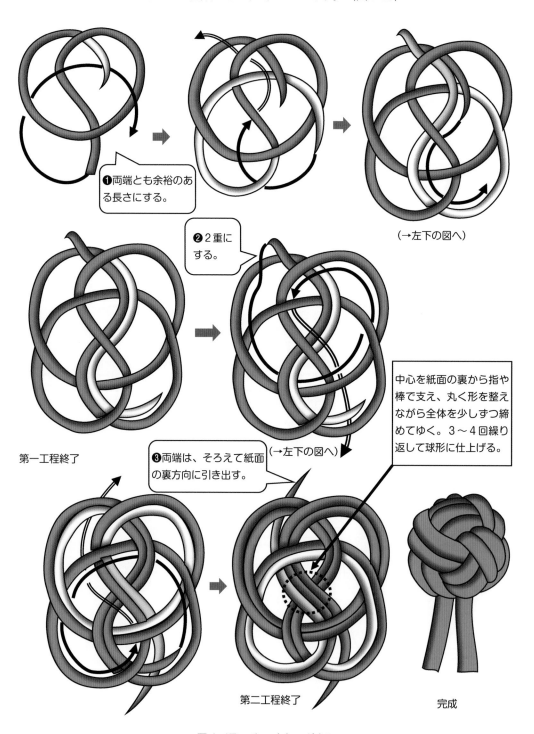

❶両端とも余裕のある長さにする。

❷2重にする。

（→左下の図へ）

第一工程終了

中心を紙面の裏から指や棒で支え、丸く形を整えながら全体を少しずつ締めてゆく。3〜4回繰り返して球形に仕上げる。

❸両端は、そろえて紙面の裏方向に引き出す。

（→左下の図へ）

第二工程終了

完成

図4-47　チャイナ・ボタン

（11）蛇結び

長く編むと蛇のように左右に自由に曲げられます。（図4-47）

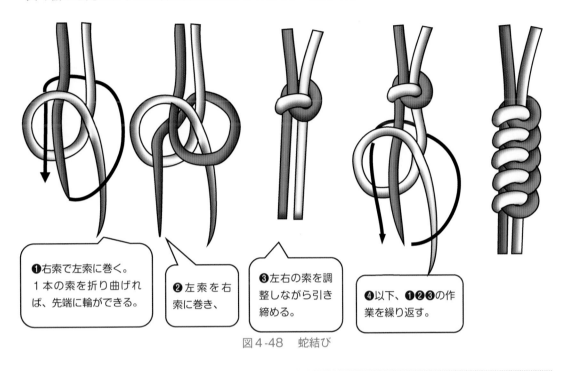

❶右索で左索に巻く。1本の索を折り曲げれば、先端に輪ができる。

❷左索を右索に巻き、

❸左右の索を調整しながら引き締める。

❹以下、❶❷❸の作業を繰り返す。

図4-48　蛇結び

（12）輪結び

長く編むと結び目がらせん状にねじれていきます。（図4-48）

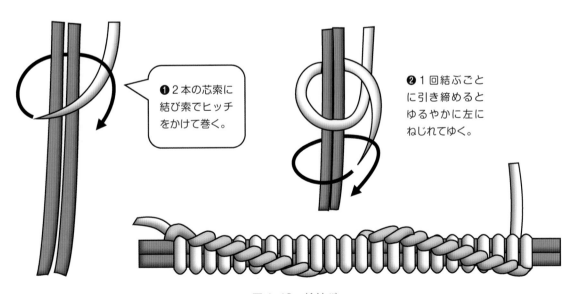

❶2本の芯索に結び索でヒッチをかけて巻く。

❷1回結ぶごとに引き締めるとゆるやかに左にねじれてゆく。

図4-49　輪結び

（13）モンキーズ・フィスト（握りこぶし結び）（Monkey's Fist）

より遠くへ投げるための結びですが、ロープの端にコブを作る方法に利用されています。通常、3重～5重巻きにします。（図4-49）

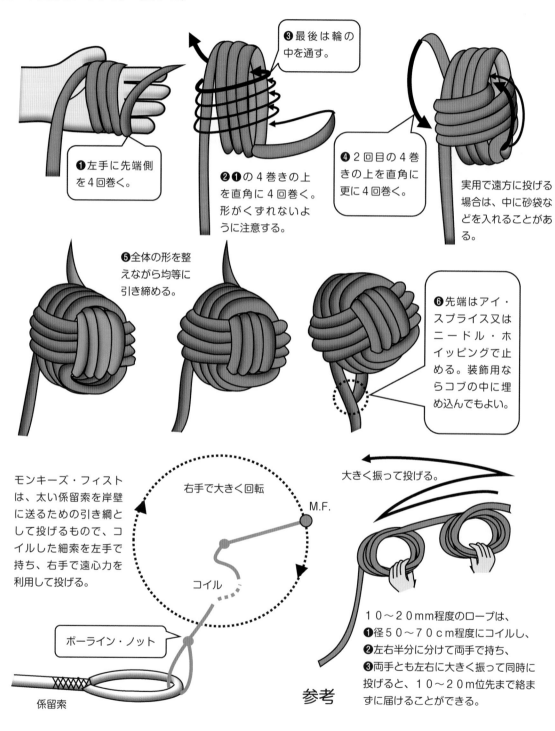

❶左手に先端側を4回巻く。

❷❶の4巻きの上を直角に4回巻く。形がくずれないように注意する。

❸最後は輪の中を通す。

❹2回目の4巻きの上を直角に更に4回巻く。

実用で遠方に投げる場合は、中に砂袋などを入れることがある。

❺全体の形を整えながら均等に引き締める。

❻先端はアイ・スプライス又はニードル・ホイッピングで止める。装飾用ならコブの中に埋め込んでもよい。

モンキーズ・フィストは、太い係留索を岸壁に送るための引き綱として投げるもので、コイルした細索を左手で持ち、右手で遠心力を利用して投げる。

右手で大きく回転

M.F.

コイル

ボーライン・ノット

係留索

大きく振って投げる。

10～20mm程度のロープは、
❶径50～70cm程度にコイルし、
❷左右半分に分けて両手で持ち、
❸両手とも左右に大きく振って同時に投げると、10～20m位先まで絡まずに届けることができる。

参考

図4-50 モンキーズ・フィスト

（14） 輪かがり結び

各種のハンドルや手すりの飾りを目的として作られます。

１） 輪かがり結び 第一法：一重（シングル・リングボルト・ヒッチング）（図4-50）

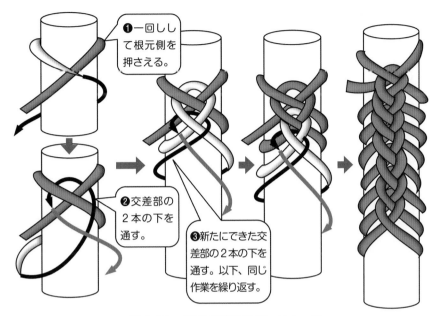

❶一回しして根元側を押さえる。

❷交差部の２本の下を通す。

❸新たにできた交差部の２本の下を通す。以下、同じ作業を繰り返す。

図4-51　輪かがり結び 第一法：一重

２） 輪かがり結び 第一法：二重（図4-51）

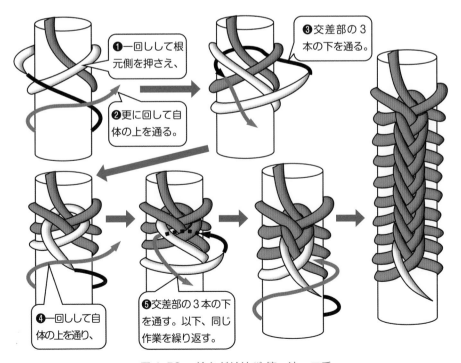

❶一回しして根元側を押さえ、

❷更に回して自体の上を通る。

❸交差部の３本の下を通る。

❹一回しして自体の上を通り、

❺交差部の３本の下を通す。以下、同じ作業を繰り返す。

図4-52　輪かがり結び 第一法：二重

3） 輪かがり結び 第二法（ダブル・リングボルト・ヒッチング）（図4-52）

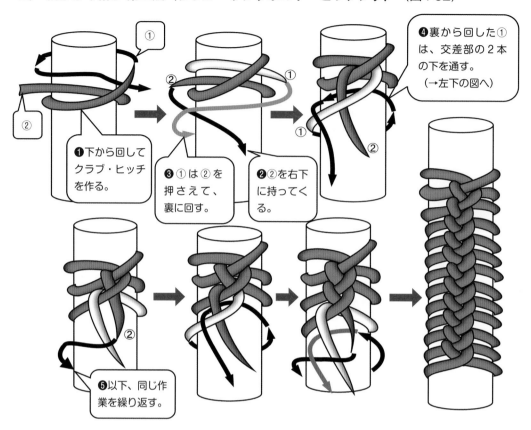

❶下から回して
クラブ・ヒッチ
を作る。

❸①は②を
押さえて、
裏に回す。

❷②を右下
に持ってく
る。

❹裏から回した①
は、交差部の2本
の下を通す。
（→左下の図へ）

❺以下、同じ作
業を繰り返す。

図4-53　輪かがり結び 第二法

(15) ジグザグヒッチ（3本）（図4-53）

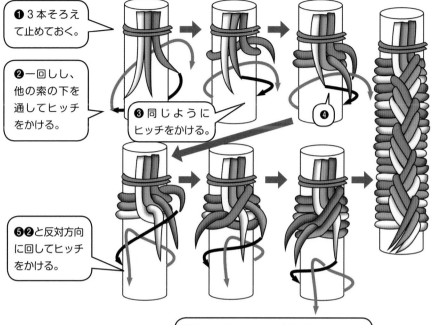

❶3本そろえて止めておく。

❷一回しし、他の索の下を通してヒッチをかける。

❸同じようにヒッチをかける。

❹

❺❷と反対方向に回してヒッチをかける。

❻以下、同じようにジグザクにヒッチをかける。4本以上で編むこともできる

図4-54　ジグザグヒッチ（3本）

(16) シングル・ストランド・フレンチ・センニット・ヒッチング（Single Strand French Sennit Hitching）（図4-54）

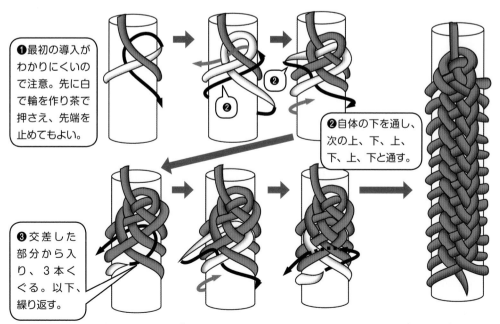

❶最初の導入がわかりにくいので注意。先に白で輪を作り茶で押さえ、先端を止めてもよい。

❷

❷自体の下を通し、次の上、下、上、下、上、下と通す。

❸交差した部分から入り、3本くぐる。以下、繰り返す。

図4-55　シングル・ストランド・フレンチ・センニット・ヒッチング

第5章 ワイヤー・ロープ（鋼索）

　ワイヤー・ロープは繊維ロープと異なり、鋼線を撚り合わせて作られているため、固くて非常に取り扱いにくいのが特徴です。しかし引張強度が大きく耐衝撃性に優れていることから、船舶や建設現場のクレーン、エレベーター、林業、送電など多方面で使用されています。船舶では、係留索、荷役**ウインチ**、**カーゴ・フォール**（荷役綱）や**トッピング・リフト**、えい航索、**ボート・フォール**などのほか、マストの**ステイ**（支索）などの静索にも使用されています。

5-1 ワイヤー・ロープの種類と構造

（1）撚り方

　ワイヤー・ロープは、ストランドの撚り方により、**Z撚り**と**S撚り**に分けられます。

　また、ロープ自体の撚りとストランドの撚りの組合せにより、**普通撚り(Ordinary Lay)**と**ラング撚り(Lang's Lay)**があります。（図5-1）

普通撚り：ロープ自体の撚りとストランドの撚りが反対。Z撚りのロープはS撚りの、S撚りのロープはZ撚りのストランドで作られています。（繊維ロープと同じ。）

ラング撚り：ロープ自体の撚りとストランドの撚りが同じ。Z撚りのロープはZ撚りの、S撚りのロープはS撚りのストランドで作られています。

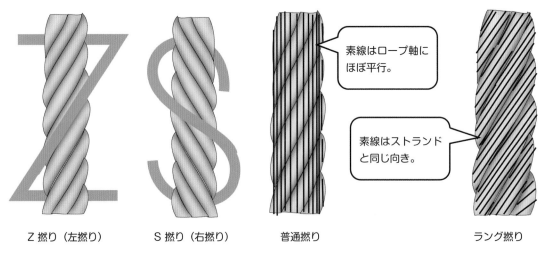

素線はロープ軸にほぼ平行。

素線はストランドと同じ向き。

| Z撚り（左撚り） | S撚り（右撚り） | 普通撚り | ラング撚り |

ワイヤー・ロープの撚り方　　　　　普通撚りとラング撚りの見分け方

図5-1　ワイヤー・ロープの撚り方

　一般には、普通撚りのZ撚りが使用されています。

　ラング撚りは、素線が平行に摩擦を受けるため、耐摩耗性に優れ、柔軟で耐え疲労性もよいとされていますが、キンクを起こしやすい欠点があります。

（2）構　成

　ワイヤー・ロープは、構成記号や断面がJIS規格（日本産業規格：JIS3525）に定められています。その一例を示します。

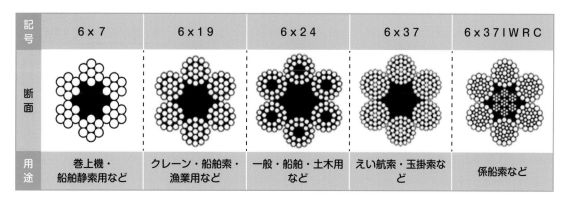

記号	6×7	6×19	6×24	6×37	6×37IWRC
断面					
用途	巻上機・船舶静索用など	クレーン・船舶索・漁業用など	一般・船舶・土木用など	えい航索・玉掛索など	係船索など

図5-2　ワイヤー・ロープの構成および断面

（3）構　造

　ロープの構成は、ストランドの数と形、素線（そせん）の数と配置、芯が繊維かロープかなどによって変わりますが、一般的なロープは次の図5-3ように構成されています。

　ロープは、図に示すように数本〜 数10本の素線を単層、または多層に撚り合わせたストランドを、通常は6本を芯綱（しんつな）の周りに所定のピッチで撚り合わせて作られています。

芯綱（ロープ）

素線が多層のときの芯線。中心にグリースが染みた繊維を使うものもある。

素線（単層、または多層に、ロープと反対に撚られている。）

ワイヤー・ロープ

ストランド（6本）

図5-3　ワイヤー・ロープの構造

5-2 ワイヤー・ロープの大きさと強度 （安全使用力） ◇◇◇◇◇◇◇◇

ワイヤー・ロープの大きさは、右の図5-4のように外接円の直径（mm）で表します。外接円の円周の長さ（in:インチ）で表すこともありますが、それは次の略算式で求めることができます。

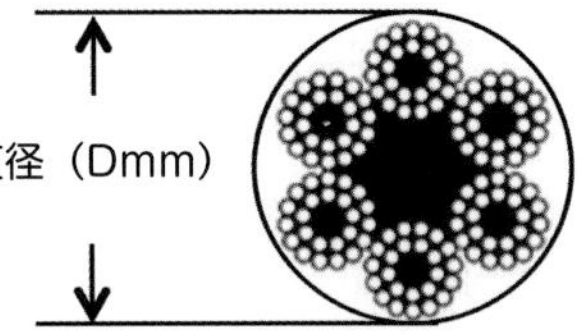

図5-4　外接円の直径

$$直径（Dmm）÷8≒円周（in）$$

ワイヤー・ロープの破断力は太さによっても異なりますが、ロープの構成によっても異なります。

このため、破断力を計算する共通公式はないので、ロープ購入時に確認しておく必要があります。また、玉掛け[*19]ロープとして使用する場合の安全係数は6以上とされています。安全使用力は、次の式によって求められます。

$$安全使用力（t:トン）＝破断力（t）÷安全係数$$

安全係数は、作業の種類や急激な荷重の有無などによっても異なります。

5-3　ワイヤー・ロープの取扱い ◇◇◇◇◇◇◇◇◇◇◇◇

市販のワイヤー・ロープは、普通一巻き（1コイル）200mです。繊維ロープと違って、コイルから解くときに回転したり強くはねることがあるので注意が必要です。取扱い上の注意事項は次のとおりとなります。

① 必ず革の手袋をする。素手では滑ったり、素線で負傷することがある。
② 使用にあたっては、ロープの構成、径、破断力を確認する。
③ ロープにはロープ・グリースが塗布されているので、グリースが飛散したり、滑ったりする。
④ ロープを解くときは、必ず専用の回転体を使用し、コイルを回転させながら引き出す。ただし、細いロープで少量を解くときは、傾斜のない床をころがして解くこともできる。
⑤ 保管するときは平たんな場所に置き、必ず歯止めをする。
⑥ 保管場所は屋内で、湿気の多い所、高温や日光の当る所を避ける。
⑦ 使用前に、目視で損傷の状況等を点検する。点検項目は、
　・形くずれ
　・キンク
　・錆、摩耗や腐食
　・断線及びその他の傷
　・つぶれ・へん平
　・ストランドの飛び出し
などで、「どれか一つでも使用禁止基準に達していれば、そのワイヤー・ロープは使用してはならない。」と「労働安全衛生規則501条」により規定しています。

---

*19 玉掛け…クレーンに物を掛けたり外したりする作業のこと。その作業に用いるロープを玉掛けロープ、玉掛けワイヤー・ロープという。

5-4　ワイヤー・ロープのスプライス ◇◇◇◇◇◇◇◇◇◇◇◇◇◇◇◇

　ワイヤー・ロープのスプライスにはその目的によりいくつもの種類がありますが、ここでは一般に行われている方法の**巻き差し**の「**4－2法**」と「**フレミッシュ法**」について図5-5～5-13で説明します。

　まず、油がしみにくい革手袋、安全靴のほか、初心者は保護眼鏡を着装して取り掛かります。

＜作業準備と**スパイキ**の差し方＞

① ストランドを解く前に作業余端をとり、細索またはヤーンでホイッピングする。

② ストランドを1～2山解き、先端を**トゥワイン**（帆布を縫う糸）等でホイッピングする。セーラーズ・ホイッピング（79ページ参照）で結び、余った部分はストランドの角に当てると簡単に切れる。

③ ストランドを①のホイッピング部まで解く。ストランドはグリースで滑りやすいので、表面を拭き取る。

④ 10cm程度の高さの作業台を準備。ロープを作業台に載せて左足で踏んで押さえ、台の角の所でスパイキの先端を撚りの谷にあて、上から下に差し込む。太いロープの場合は、体ごとスパイキに力をかけるようにする。このとき、スパイキを滑らせたり、先端で本体のストランドをすくうような所作をとると、スパイキの先端が外れて顔に当たる危険があるので、十分に注意する。

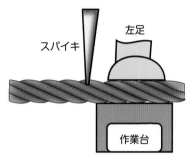

図5-5　スパイキの差し方

---

column
13

「ロープ・ワーク」に使う道具の話（2）

　ワイヤー・ロープの加工には**鉄製スパイキ**のほかにも工具類が必要です。右から順に、作業台、**スパイキ**（溝付き）、スパイキ（丸棒）、ハンマー、ペンチ、喰い切り、ワイヤー・ロープ・カッター・プライヤー、バイス・プライヤー。工具のほかに、ストランドの長さを測るスケール、ストランドの挿入位置などを示すためのビニール・テープやチョーク、ホイッピング用の麻紐なども準備します。このほかに、ワイヤー・ロープやストランドは作業中に跳ねるので、保護眼鏡や顔面保護具が必要です。

出典：林野庁ホームページ（『高度架線技能者育成技術マニュアル2014』平成27年3月発行より、
https://www.rinya.maff.go.jp/j/kaihatu/kikai/attach/pdf/jigyo-17.pdf）

（1）アイ・スプライス（4-2法）

　ワイヤー・ロープの先端に輪（**アイ**）を作る方法で、ワイヤーのストランド6本を作業工程の違いから4本、2本に分け、ストランド1本は本体の1本の同じストランドに巻きつけていきます。

　この方法を**巻き差し**と言います。

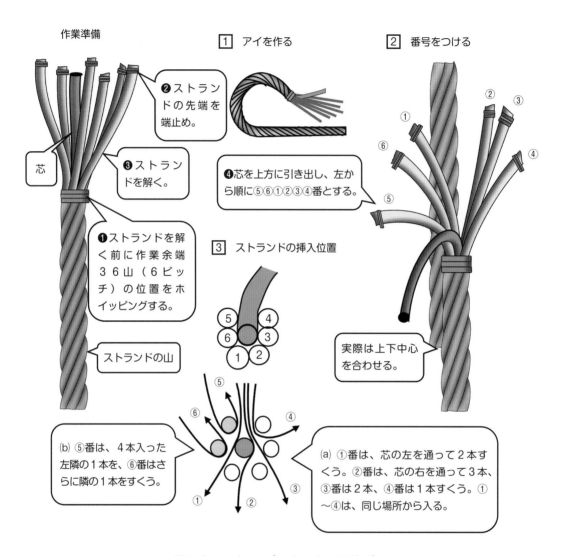

作業準備

❷ ストランドの先端を端止め。

芯

❸ ストランドを解く。

❶ ストランドを解く前に作業余端36山（6ピッチ）の位置をホイッピングする。

ストランドの山

1 アイを作る

❹ 芯を上方に引き出し、左から順に⑤⑥①②③④番とする。

3 ストランドの挿入位置

5		4
6		3
1		2

(b) ⑤番は、4本入った左隣の1本を、⑥番はさらに隣の1本をすくう。

2 番号をつける

①②③⑥④⑤

実際は上下中心を合わせる。

(a) ①番は、芯の左を通って2本すくう。②番は、芯の右を通って3本、③番は2本、④番は1本すくう。①〜④は、同じ場所から入る。

図5-6　アイ・スプライス（4-2法）①

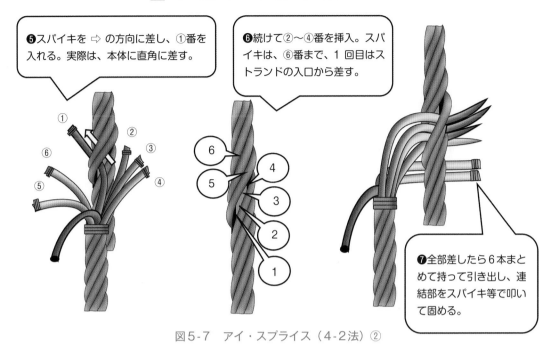

4　①〜④番ストランドの挿入（1回目）

❺スパイキを ⇨ の方向に差し、①番を入れる。実際は、本体に直角に差す。

❻続けて②〜④番を挿入。スパイキは、⑥番まで、1回目はストランドの入口から差す。

❼全部差したら6本まとめて持って引き出し、連結部をスパイキ等で叩いて固める。

図5-7　アイ・スプライス（4-2法）②

5　④番の巻き込みと芯の埋め込み

連結部を固めるために④番を1回以上巻き込む。この作業が全てのストランドの2回目以降の巻き方になる。

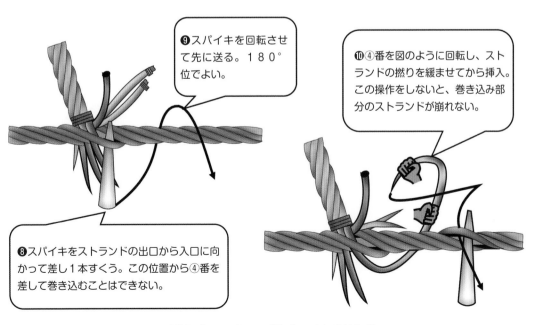

❾スパイキを回転させて先に送る。１８０°位でよい。

❿④番を図のように回転し、ストランドの撚りを緩ませてから挿入。この操作をしないと、巻き込み部分のストランドが崩れない。

❽スパイキをストランドの出口から入口に向かって差し1本すくう。この位置から④番を差して巻き込むことはできない。

図5-8　アイ・スプライス（4-2法）③

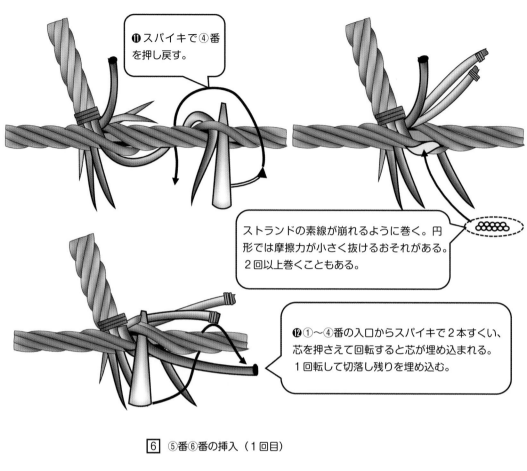

❶スパイキで④番を押し戻す。

ストランドの素線が崩れるように巻く。円形では摩擦力が小さく抜けるおそれがある。2回以上巻くこともある。

⓬①〜④番の入口からスパイキで2本すくい、芯を押さえて回転すると芯が埋め込まれる。1回転して切落し残りを埋め込む。

6　⑤番⑥番の挿入（1回目）

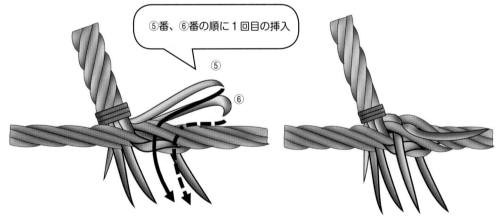

⑤番、⑥番の順に1回目の挿入

⑤

⑥

図5-9　アイ・スプライス（4-2法）④

7　各ストランドの2回目以降の挿入

⓮2回目以降の挿入は、❽番❾番❿番と同じ作業を繰り返す。作業は、①②③⑤⑥①②③④・・・番と1回ずつ差す方法（初心者に向いている。）と、①番から、各番号順に、続けて3回以上巻く方法がある。図は①番を続けて巻いているものである。

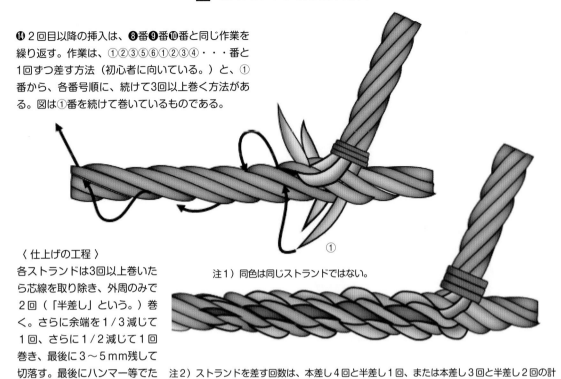

①

注1）同色は同じストランドではない。

〈 仕上げの工程 〉
各ストランドは3回以上巻いたら芯線を取り除き、外周のみで2回（「半差し」という。）巻く。さらに余端を1/3減じて1回、さらに1/2減じて1回巻き、最後に3〜5mm残して切落す。最後にハンマー等でたたいて形を整える。

注2）ストランドを差す回数は、本差し4回と半差し1回、または本差し3回と半差し2回の計5回以上とする。半差しは、表面の急激な変化を避けるため必ず行わなければならない。

図5-10　アイ・スプライス（4-2法）⑤

8　その他の差し方

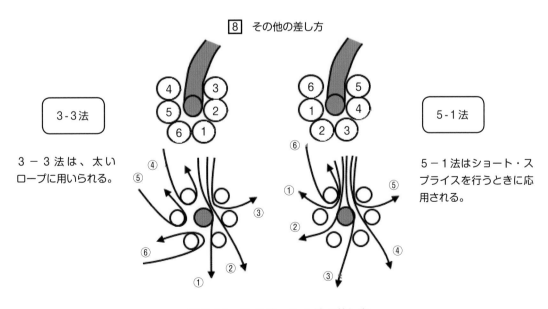

3-3法

3－3法は、太いロープに用いられる。

5-1法

5－1法はショート・スプライスを行うときに応用される。

図5-11　3-3法・5-1法の差し方

（2）フレミッシュ法

　フレミッシュ法は、アイの作り方に特徴があります。ワイヤ・ロープのストランドを3本ずつ2つに分け、芯のある側でアイを作り、芯のない側のストランドを巻きつけ、4-2法と同じ要領で芯を埋め込み、ストランドを巻いていくものです。（図5-12）

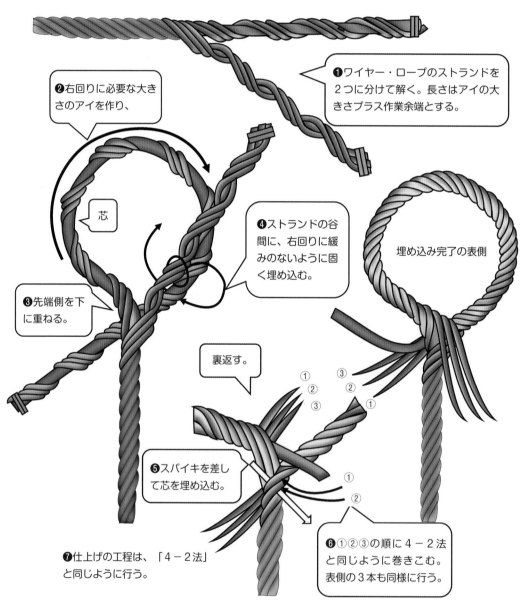

❶ワイヤー・ロープのストランドを2つに分けて解く。長さはアイの大きさプラス作業余端とする。

❷右回りに必要な大きさのアイを作り、

芯

❸先端側を下に重ねる。

❹ストランドの谷間に、右回りに緩みのないように固く埋め込む。

埋め込み完了の表側

裏返す。

❺スパイキを差して芯を埋め込む。

❻①②③の順に4-2法と同じように巻きこむ。表側の3本も同様に行う。

❼仕上げの工程は、「4-2法」と同じように行う。

図5-12　フレミッシュ法

　また、フレミッシュ法には、**シージング・ワイヤー**（物を縛る柔らかいワイヤー）で上巻きする方法があります。これは右の図5-13のように芯索を埋め込んだ後、ストランドを本体に沿って巻き、先端をワイヤー径の6〜7倍シージング・ワイヤーで固く上巻きするものです。この方法ではスパイキを使用することなく作業が容易になります。電柱の支線などに見られますが、この場合、上巻きは使用されていません。

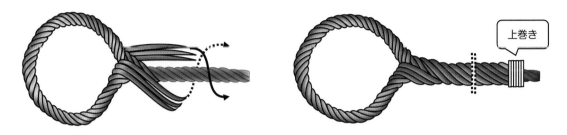

図5-13 フレミッシュ法の別法

（3）その他のスプライス

1）スプライスの種類

　　ワイヤー・ロープとワイヤー・ロープをつなぐ方法としてショート・スプライスとロング・スプライスがあります。

2）差し方の種類

　　きこり差し法、**かご差し法**などがあります。

　　きこり差しは、1回目の差し方が「4-2法」と異なりますが、2回目以降は同じ巻き差しです。

　　かご差し法は、巻き差し法と異なり、Z撚りのストランドでは本体の左方向（左回り）に差して行きます。本体のストランドを1本すくい、次の2本を超えてさらに次の1本をすくうもので難易度が高いです。重量物で荷物が回転してもストランドが緩みにくい特長があります。籠目のようにできあがるのでかご差しと言われますが、**割り差し**、**サツマ差し**とも呼ばれています。

（4）ワイヤー・ロープの強度変化

　　アイ・スプライスを施したワイヤー・ロープの強度は、破断力のほぼ87％と言われています。

　　また、キンクの生じたロープは強度が著しく落ちます。そのまま使用するときの強度は破断力のほぼ58％、キンクを直して使用した場合も81％になります。

　　なお、フレミッシュ法・別法のシージング・ワイヤーで上巻きした場合は、ストランドを差すことによる強度変化がないため、100％に近い強度があるといわれています。

ワイヤー・ロープの利用

　船では、ワイヤー・ロープは係留索のほかに、デリックやクレーンによる荷役装置、救命艇の
ボート・フォール、マストのステイ（支索）など、いろいろな装置や各部で使用されています。

デリック式荷役装置の概要

❶デリック・ポスト　　（デリック式荷役装置の主柱）
❷デリック・ブーム　　（貨物を左右に移動する桁）
❸トッピング・リフト　（ブームを上下に移動させる。）
❹ブーム・ガイ　　　　（ブームを左右に振る。）
❺カーゴ・フォール　　（貨物を吊り上げる。）
❻カーゴ・ウィンチ　　（カーゴ・フォールを巻く。）
❼ジン・ブロック　　　（鉄製の滑車）
❽カーゴ・フック　　　（貨物を吊る。）

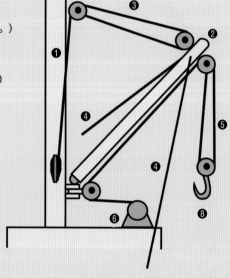

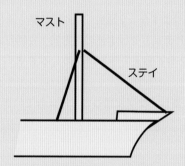

マスト
ステイ

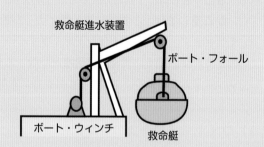

救命艇進水装置
ボート・フォール
ボート・ウィンチ
救命艇

海と共存するシーマンの常識
（小型船の "シーマン・シップ" として）

　長年、船にかかわる仕事をし、釣り用の小型レジャーボートを運航してきて思うことがあります。それは、船はきちんと運用すれば安全な乗り物ですが、間違った運用や油断をすると非常に危険な乗り物に変わるということです。いかなる船も物理学的に沈没・転覆する可能性があります。ひとたび発生し、海に投げ出されれば、いくら元気でも容易には安全な陸地にはたどり着けません。たとえ救助を要請したとしても、長時間、荒波の中を漂流するときの恐怖感は想像を絶するものです。

　著者の近辺でも、この数年間で、航海中にエンジンが動かなくなった、燃料パイプに極微小な穴が開いて燃料が噴出した、錨が海底の岩か異物にかかって揚がらなくなった、他船が起こした波を受けて半水没した、なかには、プロペラが落下したというような事故もありました。マリーナ保管の船を降ろすときに、古いロープが切断し、船体が台車から落ち、満潮まで待たねば動かせなくなった例もあります。

　また、2019年の台風では、10隻を超えるクルーザーや小型船が沈没・転覆し、多数が船首を岸壁に激しくぶつけて大きな破口を生じ、損傷のなかった船は1割以下の状態でした。

　このような実例や一般の海難事故の実情を踏まえ、特に小型のレジャー・ボートやヨットを運航するシーマンに心がけていただきたいことをまとめました。

1）　命を守る

　大切なことは、自身も含め、船長として乗船者の生命を預かっていることを意識し、安全のためには何をしなければならないか、しておかなければならないかを常に考えることです。そうすれば、次のことはほとんど解決するものです。

　　具体例を次に挙げます。

① 救命用具など法定備品[20] をきちんと備え、いつでも使用できるようにしておく。

② 航海中はライフ・ジャケットを使用方法に則って着用する。

③ 転落の危険性を予知し、桟橋から船への踏み板、ライフ・ラインなど、船の種類や乗船者に応じた対策をしておく。

④ 出港日より前から、海図による航海予定海域の状況、天気予報や潮汐を確認しておく。当日も今後の天気を予測して運航する。地域・海域によっては予報と異なる強風が吹くことがあり、荒天のおそれがあるときは出港しない、直ちに帰港する。スマートフォンなど、天気予報を得る手段を携帯する。

⑤ 出港することを、マリーナや知人に知らせておく。

⑥ 海上保安庁への連絡方法（緊急通報用電話 118番[21]）、最寄りの巡視船艇が配置されている港を知っておく。

＊20、21 は、174ページをご覧下さい。

　このようなことがとても大切です。

2)　船を守る

　業者まかせにせず、こまめに点検整備を行うことは当然ですが、デッキ周りや外板、構造物内外の清掃や塗装を自ら行うことが最も大切です。船を美しくする意識を持つと、自然に劣化したロープや錆、破損、ネジやビスのゆるみ、作動不良個所などが見えてくるようになり、修繕・修理・交換の周期性が分かるようになります。機関室の点検や試運転も定期的、少なくとも月に1回は行いたいものです。エンジンは使用すればするほど順調に動くものです。

　また、長期間係留したままにしておくと、係留索の破損や切断、各種ロープのゆるみ、はしけ用小型ボートの水没、貝殻等の付着などが生じていることがあります。定期的に点検・対応措置をとることも大切です。

3)　海を守る

　いかなるゴミも一切捨てないことです。乗船時は必ずゴミ袋を用意し、残飯や包装はもちろんのこと、釣り糸の切れ端や釣り針などすべて持ち帰ります。習慣づけると、当然のこととして行動できるようになり、他の乗船者も見習います。

4)　他船を守る

　端的に言えば、他船との衝突や異常な接近を避けるということになります。特に機関全速で航行している大型船は小回りが利かず、減速や後進で危険を回避することも容易にはできません。小型船を運航中注意したいことは、それらの大型船、特に航行中の自衛艦や観測船、掘削船、クレーン船などの特殊な船を近くで見ようと接近しないことです。また、接近する場合は低速で、相手船の船尾より後方に自船の船首を向けて航行し、相手船に衝突の危険の不安を与えないようにします。少なくとも1マイル以上は離しておきたいものです。

　なお、自船が目的地に向かって一定針路、一定速力で航行中、他船と衝突のおそれがあり、相手船に避航義務がある場合、自船は針路・速力を変えてはいけません。相手船が避航します。このとき、相手船が自船の方に船首を向けてくることがありますが、これは避航措置をとっているもので、自船は針路・速力を保持して航行を続けます。

　ただし、相手船の避航動作が無く、または不十分で、衝突が避けられないときは自船も衝突回避の措置をとります。

　海上衝突予防法や海上交通安全法は、海技免許資格講習の教材にもありますので、時には読んでおくことをお薦めします。

5)　台風対策

　台風や暴風が接近することが分かっている場合は、係留索の増し取りや長さの調節、移動物・可動物のラッシング、フェンダーの増配置、扉の完全閉鎖、船内外の飛散するおそれのある物等の片づけなど、必ず自ら行います。状況に応じて安全な海域・係留場所に避難させる勇気も必要です。

　著者の近くの港（千葉県館山市）では、高潮で防波堤を乗り越えた大量の高波が船体にかぶさり、沈没等の被害を受ける例がいくつも見られます。

6)　操船上の心得

　小型船舶の海難事故は、機関関係を除くと衝突と乗揚げ、転覆、浸水が主で、これは昔も今も変わりません。そして、その事故の多くの根本的な原因は見張り不十分にあります。操船上最も重要なことは、高度な航海計器を使いこなすことではなく、しっかりと見張りをすることです。

　見張りは、昔からよく五感を働かせて行う、と言われています。他の船舶だけではなく、流木や海草等の漂流物、定置網や養殖、刺網などの漁業関係ブイやロープ、視程や雲の状況など目で見るだけでなく、風向・風速の変化、エンジン音や外からの音、夜間では漂流物や他船・陸地から排出される匂いなど、あらゆる手段を使った見張りによって情報を得ることが海難防止につながります。

　また、荒天や霧のおそれがあるときは、早めに帰港しますが、この判断力・決断力が船長にとって大切なことです。

7)　紫外線・海水・換気不十分は船の敵

　紫外線は、船体だけでなく、船外機の塗膜、ロープ、オーニング、ゴム管などあらゆるものを劣化させます。また、海水や塩分を含んだ風は、船体汚損の他いたるところで錆の原因となり、滑車やローラーなどの回転部の固着など、船の運航に支障をきたします。

　換気不十分も、錆の促進や計器類の故障につながります。

　これらは、定期的に船を点検し、こまめな手入れ・交換をするしかありません。

8)　船内のマナー

船内で守ってほしいこと、注意してほしいことをいくつか示します。

① 整理整頓の励行：ロープなどの船内物品だけでなく乗船者の荷物も含め、整理整頓が船内事故防止のはじめです。

② ライフ・ジャケットの正しい着用：最初にも述べましたが、胸のファスナーを閉めないまま転落し、死亡した例も少なくありません。

③ 重心を高くしない。：小さい船で乗船者が一斉に立ち上がったり、高い所に移動すると船は大きく傾いて転覆・転落の危険があります。特に、船に乗り移るとき、船から下りるときに注意が必要です。

④ ハンド・レールによりかからない。：転落の危険があります。

⑤ 裸足や滑りやすい履き物は禁止：転倒、転落、つま先のけがなどの危険があります。夏でも滑りにくい底の靴を履くようにします。

⑥ ポケットハンドをしない。：転倒や船が揺れたときの防衛です。

⑦ 飲酒運航をしない。：航行の安全確保はもとより、法令違反です。

⑧ 熱射病に対する措置：寒さは服を重ねてしのげますが、小型船は日陰がないか少ないので、熱射病に対応した措置をとることも船のマナーといえるでしょう。十分な水分補給や休憩はもとより、無理をしないで早めに帰港することです。

　以上、小型船の運航者向けとはいえ、基本的に大切な"シーマンシップ"は大型船の運航者にも共通するものです。また小型船からの視点や動きを理解しておけば、大型船の航行中に避航義務が発生した場合にも、どのような点に注意を図ったらいいのかが具体的に思い浮かぶのではないでしょうか。

海と共存するシーマンの常識

　昔からある"シーマンシップ"という言葉には、実はこれと言って確固たる定義があるわけではありません。陸地から長期間離れた生活を強いられるという船員社会の特殊性から、自然発生的に築かれてきた精神文化のようなものであると、筆者は考えます。

　特殊性という意味では、勤務の当直性と自己完結性も挙げられます。閉ざされた空間の中で個人が担う業務があり、その中で責任を果たしすべてを完結させなければならない、そして、それが全体の命運を大きく左右することにつながる、強い運命共同体であるという点です。2019年に日本列島を熱狂の渦に巻き込んだラグビーの one for all、all for one の精神に似ているかもしれません。

　そのような環境の中で育まれてきた責任感、協調性、高い自己管理能力などが、総じて"シーマンシップ"として伝承されるようになってきたのでしょう。

　それらを踏まえたうえで、先に上げた項目を読んでいただければ、小型船、大型船を問わず、船を操るものすべてに共通する大切なことは何かということが感じられるのではないでしょうか。

　関係の皆様の心に何かしら届くものがあれば幸いです。

＊20 小型船舶の「法定備品」…小型船舶（航行区域が2時間限定沿海および平水区域のもの。）に備えなければならない法定備品は次のとおりです。ただし、船の航行区域、航行時間、種類、長さ、船内機・船外機の別などによって緩和措置、代替措置がとられています。また、救命胴衣および救命浮環には、船名（または船舶番号）、船籍港（または定係港）を表示しなければなりません。
　（1）係船設備：①係船索（2本）　②アンカー（1個）　③アンカー・ロープ（1本）
　（2）救命設備：①小型船舶用救命胴衣（定員と同数）　②小型船舶用救命浮環（1個）③小型船舶用信号紅炎（2個）
　（3）消防設備：①小型船舶用粉末消火器、または小型船舶用液体消火器（2個、船外機船・帆船・無動力船は1個）
　（4）排水設備：①ビルジ・ポンプ、または［バケツおよびあか汲み］（1個［1組］）
　（5）航海用具：①音響信号機（1個）　②汽笛/号鐘（各1個）　③黒色円すい形象物（帆船に必要）（1個）　④黒色球形形象物（3個）　⑤船灯❶マスト灯（1個）　❷舷灯または両色灯（1対または1個）　❸船尾灯（1個）　❹停泊灯（1個）　❺紅灯（2個）　⑥航海用レーダー反射器（1個）
　（6）一般備品：①工具（1個；ドライバー1組、レンチ1組、プライヤー1個）②プラグ・レンチ（1個）
　　なお、沿岸小型船舶として使用する場合は、さらにラジオ1台、コンパス1個、海図1式、双眼鏡1個、小型船舶用火せん2個の設備が必要になります。

＊21 「118番」…海上保安庁が運用している緊急通報用電話番号で、救助を求めるとき使用する。携帯電話や加入電話からは管区海上保安部に、船舶電話からは海上保安庁につながり、GPS対応の携帯電話であれば、海上保安部で通報者の位置を把握できる。

索　引

索引

<著者略歴>

山﨑　敏男（やまざき　としお）

1973年 9月　神戸商船大学商船学部航海科（現:神戸大学海事科学部）　卒業。

　　同 年10月　東京タンカー（株）入社（二等航海士）。

1977年 4月　運輸省（現:国土交通省）入省。宮古海員学校に航海科教官として勤務。

その後、現:（独）海技教育機構の海上技術学校、海上技術短期大学校、機構本部に勤務。

担任業務・科目担当・校内練習船の船長・結索やカッターの実技指導などを務める。

2011年3月　国立館山海上技術学校長を以て定年退職。

2013年3月まで機構本部に継続雇用。教科書作成に従事。

大きな図で見るやさしい

実用ロープ・ワーク（改訂版）　　定価はカバーに　　　　　　　　表示してあります。
じっよう

2020年 6月28日　初版発行
2022年10月28日　改訂初版発行

著　者　山﨑敏男
発行者　小川典子
印　刷　株式会社 シナノ
製　本　株式会社難波製本

発行所　株式会社 **成山堂書店**

〒160-0012　東京都新宿区南元町4番51　成山堂ビル
TEL:03（3357）5861　FAX:03（3357）5867
URL　https://www.seizando.co.jp

落丁・乱丁本はお取り換えいたしますので、小社営業チーム宛てにお送りください。

©2020 Toshio Yamazaki
Printed in Japan　　　　　　　　　　　　　　　ISBN978-4-425-48132-3

図解 ロープワーク大全

使いたい結びがすぐわかる

前島一義 著

ロープの達人による解説書の決定版！

基礎から応用まで，約350通りの結びを日常生活・アウトドア・釣り・ヨット・装飾などの用途別に紹介。 3色カラーで 一目瞭然。

B5判・294頁・定価 本体3600円 （税別）

How to ロープ・ワーク

及川清•石井七助・亀田久治共著

基本的なロープの結び方，これを応用した各種の実用的な結び方・装飾的な結び方をイラストを中心にやさしく解説。万人向きの結びの本。

B6判・144頁・定価 本体1000円 （税別）

ロープの扱い方・結び方

堀越清・橋本幸一 共著

ロープ作業をする場合の正しい扱い方，並びに結び方に力点を置き，著者の豊富な海上経験をもとにわかりやすく図版中心に解説。

B6判・132頁・定価 本体800円 （税別）